现代心理学丛书

浙江省高校重大人文社科攻关计划项目(青年重点项目)

品行障碍学生的道德情绪加工特点及干预研究(2018QN002)

儿童内疚情绪的发展及影响因素

张晓贤　著

图书在版编目（CIP）数据

儿童内疚情绪的发展及影响因素 / 张晓贤著. —杭州：浙江大学出版社，2019.4
ISBN 978-7-308-18808-1

Ⅰ.①儿… Ⅱ.①张… Ⅲ.①情绪—儿童心理学
Ⅳ.①B844.1

中国版本图书馆 CIP 数据核字（2018）第 284076 号

儿童内疚情绪的发展及影响因素

张晓贤　著

责任编辑　阮海潮
责任校对　朱若琳　虞雪芬　王元新
封面设计　杭州林智广告有限公司
出版发行　浙江大学出版社
（杭州市天目山路 148 号　邮政编码 310007）
（网址：http://www.zjupress.com）
排　　版　浙江时代出版服务有限公司
印　　刷　杭州高腾印务有限公司
开　　本　710mm×1000mm　1/16
印　　张　13.5
彩　　插　1
字　　数　191 千
版 印 次　2019 年 4 月第 1 版　2019 年 4 月第 1 次印刷
书　　号　ISBN 978-7-308-18808-1
定　　价　47.00 元

前　言

十多年前搬来现在的小区居住，因为小区居民都是与我年龄相仿的高校教师，很自然地，我们的孩子也年龄相仿。年龄相仿的孩子总会聚在一起玩耍，都是独生子女的缘故，年轻的父母们也希望孩子们能多与同伴一起玩乐，通常这个时候，也是父母相互交流各种育儿经验的美好时光。可能是因为一直从事儿童心理发展的研究，对孩子的心理发展特点比较了解，所以我格外注意父母对孩子各种行为的描述，当然也会有在养育孩子过程中的各种烦心事。比如有的孩子经常打人，父母苦口婆心地教育他，带他上门道歉，孩子也知道自己打人不对，但打人行为却没有减少；几乎所有的孩子都知道抢别人的玩具是错误的行为，但每天玩耍的时候，总会因为某个孩子抢别人的玩具而引发各种冲突。于是，我常常在孩子们玩耍时，仔细地观察他们，有时也会与孩子们聊天，邀请孩子们来家里玩。我发现，大多数孩子在做出违反规则的行为时，其实都早已明白自己的行为是错误的。有些孩子会担心被父母惩罚而停止自己的错误行为；有些孩子会担心别的孩子会受伤而不敢与之冲突。但是慢慢地，随着孩子们渐渐长大，这样的行为在逐渐减少，不是因为孩子们对自己的错误行为有更清醒的认识，也不是因为他们对之后的消极后果有更多的担心，而是因为他们发现，如果做了违反规则的事情，自己心理会不安，这种不安会让他们很难受，与其很长时间都不安难受，还不如别做违规的事情，这种不安难受的情绪便是内疚，既是自我意识情绪，也是道德情绪。很显然，内疚情绪并不是天生的，儿童的内疚情绪是如何发展的？与初级情绪（如高兴、难过等）有何差异？什么因素会影响儿童内疚情绪的发展？

20 世纪 80 年代，发展心理学家们在关于儿童道德情绪判断和道德情绪归因的研究中发现，大部分 4～6 岁的儿童都存在一个“快乐的损人者”现象，即儿童虽然知道损人行为不对，却认为损人者会感到“高兴”。可见，儿童的道德情绪与道德认知发展并不同步。许多人都熟知皮亚杰所提出的道德认知发展阶段理论，儿童的道德认知发展有一个“他律”到“自律”的过程，道德情绪的发展虽然不与道德认知的发展同步，甚至会有一定的滞后，但是否也会存在相似的发展过程？权威人物或重要他人的评价是否会在儿童道德情绪发展的某个阶段起重要的影响？

许多情绪心理学家如路易斯（Lewis）和伊扎德（Izard）等都提出，自我参照和自我评价的出现是自我意识情绪产生的前提，这类情绪与初级情绪如高兴、难过等的产生是否有着不同的内在机制？儿童的这两类情绪在不同年龄的发展特点是否会有所不同？这些问题都没能在以往的理论和研究中找到答案。内疚情绪是自我意识情绪类别中的一员，这种情绪虽然有着消极的内在体验，却有着积极的社会意义。

本著作围绕着儿童内疚情绪的发展而展开，共分为两个部分，第一部分主要介绍内疚情绪的理论基础以及前人的一些研究成果，共包括五章。第一章介绍了自我意识情绪的相关理论及与初级情绪的差异；第二章介绍了内疚情绪的含义、原因及分类；第三章介绍了内疚情绪的发生机制及发展阶段；第四章介绍了内疚情绪的研究方法及相关研究；第五章主要阐述了作者所做的实证研究的思路和构想。第二部分主要介绍作者这几年来围绕着儿童内疚情绪所做的一系列实证研究。第六章介绍了作者所做的儿童内疚情绪理解的发展特点，探究儿童内疚情绪理解的年龄趋势及道德评价对其的影响；第七章包括两个具体的实验，这些实验通过改变人际交往因素变量，考察教师评价、对方反应及同伴评价对儿童内疚情绪理解的影响；第八章也包括两个实验，分别考察儿童内疚情绪与初级情绪理解的发展差异及两类情绪对亲社会行为的不同影响；第九章介绍的是利用ERP技术探究儿童内疚情绪与初级情绪的神经机制。在本书的最后一章，对所做的研究进行了总结，并对今后可开展的研究方向进行了展望。

本著作的完成，要特别感谢博士研究生导师桑标教授和硕士研究生导师徐琴美教授，是他们的谆谆教诲和循循善诱，鞭策着我在儿童情绪发展心理学的研究道路上不断前行！在写作过程中参阅和引用了一些专家学者的观点和研究结论，在此一并致谢！

儿童的内疚情绪作为自我意识情绪的一员，其发展及内在机制是一个较为复杂的问题，此类研究在我国并不多，希望本书能为儿童自我意识情绪发展领域的研究成果添砖加瓦。由于时间仓促和作者水平的局限性，书中难免存在许多不足，恳请读者给予批评指正。

张晓贤

于杭州

目　录

第一章　自我意识情绪

情绪是儿童成长中极为重要的发展内容，对儿童的生存与发展都至关重要。日常生活中父母能经常从儿童的脸上观察到“喜、怒、哀、惧”这些初级的情绪，并作出及时的回应。然而随着儿童年龄的增长，他们的情绪变得越来越复杂。儿童犯错后不再是简单的害怕，他们会因为自己的错误行为而自责、内疚，会因为取得成功而自豪，当然也会因为没有达成某个目标而羞愧，这些都是自我意识情绪。但要认识孩子的这些自我意识情绪并不是一件简单的事。本章将对自我意识情绪的含义、与初级情绪的差异、儿童自我意识情绪的发展等内容进行详细的介绍。

第一节　自我意识情绪的概念

一、自我意识情绪概念的提出

最早提到自我意识情绪概念的是 Darwin。早在 1872 年 Darwin 在《人类和动物的情绪表达》中指出：“儿童的害羞、内疚和羞愧等情绪伴随着自我意识的出现而产生，这些不仅仅是简单的人类情绪的反应，更是对他人如何看待我们自身这个问题的一种反应。”Bridges（1932）曾假设，婴儿在出生时就表现出两种相反的情绪，一种为以哭泣、易怒为标志的消极情绪,另一种为以满意等为标志的积极情绪。Michael 在此基础上提出了第三个维度:兴趣,他强调儿童的认知过程在情绪发展中的重要作用,自我意识的产生也促进了一类新情绪的产生,即自我意识情绪。自我意识情绪是以个体是否能遵守自己内化的标准为基础,根据一定的价值标准评价自我或被他人评价时产生的情绪,如内疚、羞愧、尴尬、自豪等,属于复合情绪的范畴。由于这类情绪的复杂性和丰富的内涵,故又被称为自我意识评估情绪或道德情绪(Tangney,2007)。

自我意识情绪在激发和调节个体的思想、情感和行为方面具有重要的作用(Campos, et al. ,1995)。自我意识情绪能促使个体努力工作以获得成功(Stipek,1995;Weiner,1985),促使个体在社会交往中的行为符合道德、社会允许的标准(Baumeister,et al. , 1994;Leith, et al. ,1998;Retzinger,1987)。因此,自我意识情绪不仅可以提高个体的社会生存能力,而且影响着个体的道德行为发展和道德品格的形成,对于社会的稳定与和谐发挥着重要作用。但是,由于理论与方法技术方面的困难,使得无论是在自我领域还是在道德领域,自我意识情绪都没能得到足够的重视和深入的探讨。

随着自我意识研究的不断发展,研究方法以及研究技术的不断改进,从自然情景下的观察法、父母报告法到实验室实验,刺激材料的新发展,如图片、电影、声音、单词、故事、想象等,以及脑成像技术的发展,自我意识情绪的研究开始逐渐引起心理学家们的兴趣。

二、自我意识情绪与初级情绪的差异

(一)自我意识情绪需要自我意识和自我表征

这是自我意识情绪区别于初级情绪最主要的方面。当我们意识到自己已经达到或没有达到某些真实的或者是想象的自我表征时,就会体验到自我意识情绪,如自豪和羞愧。但是如果某个事件没有激发自我评价过程，那么就只可能产生初级情绪而不是自我意识情绪。例如，一个人运气好，买彩票中了大奖，他会很高兴。但这种情绪没有激发自我评价过程，因而只能是初级情绪。但一个人在一场比赛中获得冠军，他也会很高兴，这可能会引发自我评价过程(如我在比赛中的成绩意味着我的能力和天赋)，所以他会因为在比赛中获得冠军而产生自我意识情绪——自豪(除非这个人将个人的荣誉看成是中奖)。有很多研究提出，动物可能正是因为缺乏这种自我意识过程，才不能体验到自我意识情绪(Hart, et al.,1996; Hayes,1951;Russon, et al.,1993;Yerkes,et al.,1929)。所以，自我意识情绪往往需要自我意识和自我评价，当然有些初级情绪(比如害怕、悲伤)也经常会包括自我评价过程，但只有自我意识情绪必须包括自我评价过程(Busses,2001;Lewis, et al., 1989;Tangney, et al.,2002)。有研究者提出，自我意识情绪最为重要的特征是个体必须形成稳定的自我表征能力，并且能将注意集中于这些自我表征，然后产生评价。当然，相同的自我评价过程也可能使个体体验到初级情绪，但是这些初级情绪在缺乏自我评价的情况下也会体验到。Michael 等人用实验证实了自我参照行为及认知能力在自我意识情绪发展中的重要作用。他们采用三个情景：①陌生人接近；②坐在镜子前；③点红实验。实验证明了自我意识能力与尴尬之间的相关，但自我意识能力与警觉这种初级情绪不相关。此外，为了进一步证明自我参照行为与尴尬之间的关系，他们又做了第二个实验，在这个实验中，除了采用第一个实验的三个情景外，又增加了两个情景：过度表扬及要求被试跳舞。结果发现，是否具有自我参照行为能力对警觉这种初级情绪的表达没有影响，而具有自我参照行为能力的一组被试与不具备的被试相比，在尴尬这种自我意识情绪上有显著差异，前者明显高于后者。他们据此提出，自我意识情绪包括自我意识情绪和自我评价情绪的出现和发展，必须以自我参照这种认知能力的具备为前提。

(二)自我意识情绪产生于儿童晚期,晚于初级情绪

自我意识情绪的第二个特征是它们的发展要晚于基本情绪(Izard,1971)。自我意识直到18至24个月时才会发展起来(Lewis,1995)。更复杂的自我意识情绪如羞愧、内疚和自豪的出现甚至更晚,可能要到3岁时(Izard, et al.,1999;Lewis,1995;Lewis,et al., 1992;Stipek,1995)。Lewis等(1984)把儿童情绪的发展分为3个阶段。第一阶段,产生初级情绪,但是各种初级情绪产生的时间不尽相同。第二阶段,产生自我参照行为,首先出现了自我与他人的区分,8个月左右出现了客体永久性。自我参照行为有一个发展的过程,大概出现在15至24个月(Bertenthal, et al.,1978)。自我意识情绪的第一个水平(包括尴尬、同情及嫉妒)大概在2岁左右出现,同时儿童还学会了他们社会世界中的其他方面,包括情绪的描述(Michalson, et al., 1985),以及允许他们对自己的行为及行为结果进行评价的规则,这些都导致了第三阶段自我意识情绪的第二个水平(自我评价情绪)如害羞、内疚、自豪的出现。

从以上的发展阶段,研究者提出自我意识情绪出现较晚的原因可能是自我意识情绪需要自我意识和稳定的自我表征(Lewis,1995;Tangney, et al.,2002)。如自我意识大概出现在儿童18至24个月,而自我意识情绪的第一层次也同时在这个时期出现,这有力地证明了这个解释的合理性(Hart, et al.,1996;Lewis, et al., 1992)。而且,Kochanska等(2002)发现,在18个月时表现出早期"自我信号"(包括镜像自我识别和口头自我描述)的儿童将更可能会在33个月的一次灾祸(如弄坏一个玩具)中表现出自我意识情绪(内疚)的行为表现。自我意识情绪的产生晚于初级情绪也可能是因为儿童必须首先理解社会行为特定的规则和标准,认识到他们自己的行为将由他人根据这些标准来进行评价(Lewis,2000;Lewis, et al.,1989;Stipek,1983)。此外,他们还要认识到重要他人(大部分是父母或照顾者)会根据外部可评价的角度来看待他们(Cooley,1902;Wellman, et al.,2000)。当儿童具备了自我意识能力后,他们会将外部的评价(如,我把米饭打翻了,妈妈会批评)内化为稳定的自我评价(如,我把米饭打翻了,我太不小心了),这种内部稳定的自我评价往往是自我意识情绪所必需的(Retzinger,1987;Schore,1998)。所以,当儿童逐渐长大时,他们会越来越少地依赖外部标准,更多靠自己已经内化的标准来评价行为。例如,幼儿在讨论自己的错误行为时往往集中在他人的反应上(如,我很害怕妈妈再也不喜欢我了),但年长儿童会倾向于用他们自己的标准来做出自我评价(如,我感到自己很愚蠢)(Ferguson,et al.,1991)。

(三)自我意识情绪服务于个体社会化的需求

个体的情绪主要服务于两种主要功能,第一种是促使个体达到生存和繁殖的目标,第二种是促使个体达到社会化的目标。作为社会的人,社会化目标也是我们生存所必需的。例如,当个体面临危险时,害怕情绪可以促使个体逃跑,增加个体生存的机会;但害怕被他人嘲笑,则会促使个体以恰当的方式产生行为,增加个体达到社会化目标的可能性,提高与他人相处的能力。所以说,自我意识情绪能促使个体达到特定的社会化目标(Keltner, et al.,1997)。人类在进化过程中形成了一种社会结构,这种社会结构有着复杂多样、重叠、非传递性的社会等级(如地位最高的猎人并不总是最勇猛的勇士)。自我意识情绪往往只出现在人类和其他的种类(如猿)身上,因为他们都有着复杂和频繁变动的社会等级(de Waal,1989;Keltner, et al.,1997)。自我意识情绪能促使个体产生社会所要求的行为,以此保障其社会等级的稳定性,明确社会规则。有研究者提出,尴尬和羞愧的产生是基于缓和的目的,内疚是基于鼓励增进相互关系的目的,而自豪则是基于建立优势领域的目的(Baumeister, et al.,1994;Gilbert,1998;Keltner, et al.,1997;Tracy, et al.,2003)。而且,表达羞愧能赢得谅解和同情,表达自豪能通过展现成就来提高其社会地位(Tracy, et al.,2003)。就个体而言,自我意识情绪能迫使个体做一些对社会有价值的事,避免做一些可能导致社会不认可的事(Tangney, et al.,2002)。社会准则会告诉我们,该成为什么样的人,我们会以一种真实和理想的自我表征来内化这些准则。自我意识情绪则激励个体的行为尽可能符合这些具体的自我表征。例如,当我们发现其他人需要我们帮助时,一种内在的情绪压力(内疚)会促使我们产生利他行为,增加亲社会行为,从而以一种社会接纳的方式产生行为(Trivers,1971)。

(四)自我意识情绪没有具体的、普遍可以识别的脸部表情

六种初级情绪都有具体的、普遍可以识别的脸部表情(Ekman,2003),但研究者没有发现与自我意识情绪对应的、具体的脸部表情。不过有研究者发现了与尴尬、自豪和羞愧相联系的身体姿势或是头部运动(Heckhausen, 1984; Keltner, 1995; Lewis, et al., 1992; Tracy, et al., 2004)。正如 Lewis(2000)提出的“自我意识情绪不能通过考察一系列特定的脸部运动来进行单独描述,而必须观察其身体的姿态”。事实上,通过身体的姿势包括整个上半部的身体(显示一种张开的姿势)能有效地识别自豪,但当观察者只看到被试的脸时却不能识别自豪(Tracy, et al., 2004)。

许多学者提出,情绪必须具有唯一的、具体的、无言语的脸部表情(如,Darwin,1872;Ekman,1992)。这个观点将自我意识情绪从初级情绪类别中排除出去,但自我意识情绪没有具体的脸部表情是有原因的。首先,自我意识情绪通过比脸部表情更为复杂的无言语的行为来进行交流显得更为有效,而且一些自我意识情绪是通过姿势的变化来进行交流的,这些姿势的变化在交流中能起到与脸部表情同样的功能(Keltner,1995;Tracy, et al.,2004)。当然,这些信号要比脸部表情更为复杂,因为它们要传递的信息也更为复杂。如在告诉同伴“快跑”这个信息时,一个快速的脸部表情就足够了;但是如要传递类似于“我这样做能提高我的社会地位”这样的信息,更复杂的体态表情会更合适。第二,与非言语的表情相比,自我意识情

绪还可通过语言来交流。从个体发展的角度来看，自我意识情绪出现时，个体的语言交流已经比较流畅，这时用语言来交流自我意识情绪是完全可能而且有效的，虽然脸部表情有自动和即时的好处，用语言来交流自我意识情绪也往往会显得不那么及时，且自我意识情绪涉及较为复杂的过程，比如“自己做错事情而传递的内疚情绪”很显然要比传递信息“看到一条大狼狗而害怕”需要更长的时间。因而从这个角度来说，用语言传递自我意识情绪较为合适。自我意识情绪缺乏脸部表情的第三个原因是即时表达这些自我意识情绪有时会显得不恰当，而且这些情绪也是可以调节的。我们在表达初级情绪时往往是自动的，因为脸部表情很难调节，许多脸部肌肉的收缩是无意识的反应。但在某些情况下，公开表达自我意识情绪可能是有害的。如在一些文化中，公开表达自豪是不能被接受的，而且公开表达自豪会降低这个人被他人喜爱的程度，或是表示反对与他人合作（Eid, et al. ,2001; Mosquera, et al. ,2000; Paulhus, 1998; Zammuner, 1996）。个体除了能调节对自我意识情绪的表达，还能调节对自我意识情绪的体验。如，羞愧是一种自我损害和痛苦的情绪，但对羞愧的体验可以通过改变个体对自我认知的评估得以改变（Lewis, 1971; Scheff, et al. ,1989）。

（五）自我意识情绪具有认知复杂性

自我意识情绪第五个独特的特征是它们比初级情绪更具有认知的复杂性（Izard, et al. ,1999; Lewis, 2000）。相对“认知不依赖”的初级情绪，Izard 和他的同事将羞愧、内疚和自豪称为“认知依赖”情绪（Izard, et al. , 1999）。如个体体验到害怕情绪时，只需简单地评价一个威胁到个体生存目标的事件。然而，为了体验羞愧，个体必须形成稳定的自我表征、内化外在的社会或父母对个体的评价、表征自己的行为、外部对这些行为的评价与自我表征之间的差异，还需要复杂的归因（Graham, et al. ,1986）。初级情绪也包括这些复杂的认知过程，但与自我意识情绪不同的是，它们在只有简单评价时也会发生（Le Doux, 1996）。

第二节　儿童自我意识情绪的发展

一、自我意识情绪发展的理论

关注儿童自我意识情绪发展的研究者们发现，单纯用初级情绪发展的理论模型来解释儿童自我意识情绪的发展，显然是不合适的。针对儿童自我意识情绪发展的独特性，研究者提出了自我意识情绪的发展理论。

（一）混合模型

Plutchik(1970)曾提出自我意识情绪发展的混合模型。他受色觉理论的启发，认为自我意识情绪的发展是建立在早期初级情绪的基础之上的，是由不同的初级情绪混合而成的，就如同生活中所有的颜色都是由红、绿、蓝这三种原色混合而成一样。在个体的情绪中也存在着类似于三原色这样的原情绪，这些原情绪就是初级情绪，自我意识情绪的发展就是一个不断混合初级情绪的过程，混合不同的初级情绪，就发展出不同的自我意识情绪。

（二）递进模型

Izard(1977)反对自我意识情绪的混合模型，他认为自我意识情绪的确是在初级情绪的基础上发展起来的，但不是初级情绪混合而成。自我意识情绪具有初级情绪的某些特征，从发展的角度来看，自我意识情绪高于初级情绪。Izard的观点仅仅阐明了自我意识情绪的发展趋势，并没有提及自我意识情绪的发展过程。在Izard的基础上，Lewis和Michalson(1983)将认知过程引入自我意识情绪的发展过程中，并提出自我意识情绪的发展首先要得到一些认知技能的支持。这些认知技能分别是：第一，个体必须内化一系列标准、规则和目标;第二,个体必须具有自我意识;第三,个体还必须将自我与这些标准、规则和目标作比较,以决定自己成功与否。根据儿童认知能力的发展,尤其是自我意识的发展过程,Lewis 等(1984)提出了自我意识情绪发展的递进模型(见图 1-1)。

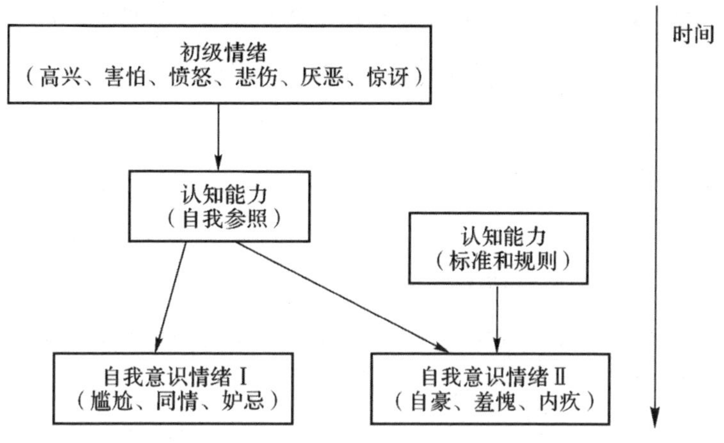

图 1-1 情绪发展的递进模型

图 1-1 描述了一个儿童情绪从初级情绪向自我意识情绪发展的递进模型。从图中可以看出,研究者特别强调儿童自我参照行为以及认知能力在自我意识情绪发展中的重要作用。研究者提出自我意识情绪(包括自我意识情绪和自我评价情绪)的产生与发展必须以认知能力为前提,其发展是有阶段性的。唐洪和张梅玲等(2001)也提出,复杂情绪在儿童头脑中如何表征主要涉及儿童对行为动机和意图的理解能力,以及社会归因能力的发展,这些结果都从某种程度上支持了自我意识情绪发展的递进模型。

(三)动态网状模型

Mascolo 和 Fischer 等试图将动力学理论引入自我意识情绪的发展中,他们在回顾大量研究的基础上,提出了情绪发展的动态网状模型。他们提出情绪的发展并不是递进的,不具有阶段性,而是动态地、类似于网状地向前发展。

1. 情绪动力理论的基础

情绪动力组成系统的发展是基于以下四个论点：第一，情绪状态和情绪体验是由多种成分系统组成的。第二，情绪体验的产生和发展是非线性的，而且是在特定的社会背景中，通过各种成分系统的相互调节来完成的。第三，各个成分系统自身也是由多种水平组成的，各个水平之间也是相互协调的。第四，情绪是社会敏感性的，即情绪的唤起是在特定的社会背景中。

2. 动力组成系统中的三个主要成分过程

Sroufe(1996)提出，在某种程度上，情绪是由多种成分过程组成的。情绪的发展、变化是由组成系统的各成分之间相互关系的改变所引起的。这三个主要的成分过程包括评价、情感以及外显行为过程(见图 1-2)。

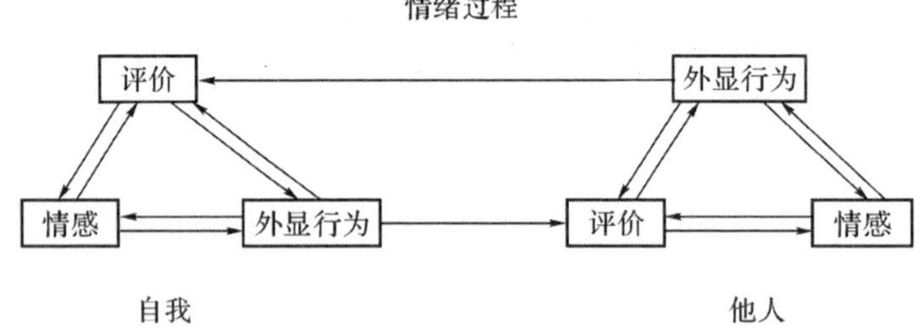

图 1-2　情绪发展的动态过程

(1)三个成分系统之间的相互调节

虽然情绪的成分系统起着相对独特的功能，但它们并不是彼此独立的，相反，它们会在特定的情绪状态或情绪体验中相互调节。情绪事件产生时不会有特定而唯一的成分系统。图 1-2 描述了情绪过程的一个动力组成系统的模型。在该模型中，每个个体都是由三个相互调节的成分系统(评价、情感、行为)的不同阶段组成的。

(2)动力情绪家族的自我组织

Fischer 等研究者认为，在特定的社会文化背景中，情绪状态和情绪体验都是由于个体内部的成分系统和个体间相互协调的，而且成分系统不是单一的，情绪事件的自我组织是通过成分系统的相互调节来完成的。自我组织的概念表明，没有单一的计划可以来指导任何特定的情绪，但是生物和文化因素会限制成分系统的相互作用。根据动力学理论，情绪状态是由评价、情感和行为成分系统相互作用、相互协调的结果，三个成分系统中任何一个系统发生改变，都将导致情绪状态的改变，而情绪的发展可以被认为是生物的、个人的因素和文化系统相互作用的结果。他们认为，任何一种情绪的发展，正如技巧的发展那样，不是阶梯式的、单一的顺序，而是网状式向前发展，如羞愧和自豪就是沿着不同的途径发展的，自我意识情绪并不像认知心理学家所认为的那样，只有儿童的认知能力达到了一定的水平后才会产生。该理论认为即使是婴儿也已经具备了像自豪、羞愧这样的自我意识情绪，如当 8 周大的婴儿的肢体产生运动时，就会微笑。这种微笑就体现了婴儿的自豪感，只不过婴儿的评价标准比较简单，还没有社会化，而且婴儿自己还没有意识到这是一种自豪感，但是自豪感的产生并不是以自豪情绪的理解和表达为前提的。相反，前者要早于后者，随着儿童社会化程度的不断加深，评价标准也逐渐社会化，儿童自身的各种能力也在不断发展，因而对情绪的意识、理解也在不断地细分。

(四)过程模型

Tracy 和 Robins 等(2004)认为自我意识情绪应该被当成一种特殊的情绪。作为一种依赖认知的情绪，自我意识情绪需要一个具体的理论模型来说明它们产生前期的认知过程。正如 Levenson(1999)所提出的，我们所需要的不是一种单一的情绪理论，而是一系列针对不同情绪的情绪理论，其中之一就是自我意识情绪。Jessica 等在分析了自我意识情绪与初级情绪之间差异的基础上提出了自我意识情绪的过程模型。

如图 1-3 所示模型是建立在早期的归因和情绪理论研究基础之上的(Covington, et al.,1981;Jagacinski, et al.,1984;Weiner,1985)。个体对外界事件进行评价，如果某个事件被评价为与个体的生存和繁殖有关，那

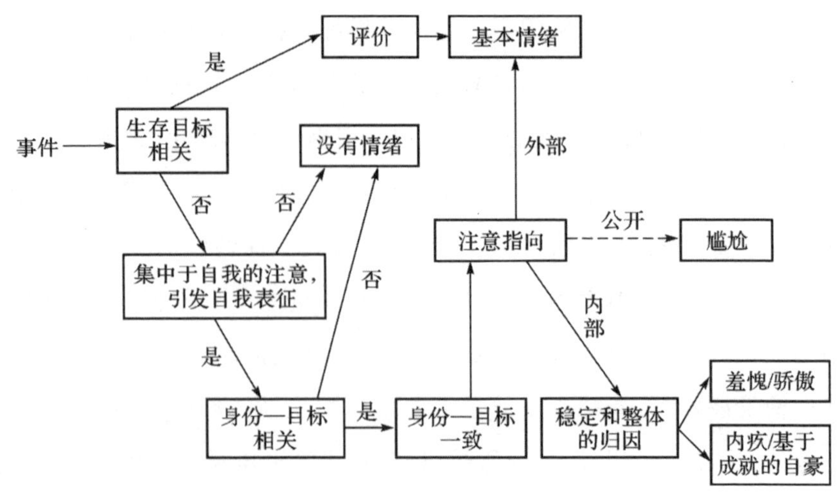

图 1-3 自我意识情绪的过程模型

么这些事件包括那些与生存目标有关的突发情绪适应事件，如突然遇到一条毒蛇，也包括那些缓慢的情绪适应事件，如等待一次重要的考试结果，此时个体会产生初级情绪（Lazarus，1991；Nesse，1990；Roseman，2001；Scherer，2001；Smith，et al.，2002）。如果该事件被评价为与个体的生存目标无关，个体就不会产生情绪，除非事件是与个体的身份目标有关的。当事件被评价为与生存无关，但与个体的身份目标有关，就会产生第二个认知过程，这个认知过程涉及注意集中，当个体将注意集中于自我，这被称为客体自我意识（Duvall，et al.，1972）或自我注意集中（Carver，et al.，1998）；个体将注意指向自我时，会激活自我表征，他们会将这些表征与外部引发的情绪事件进行比较，这些比较是自我意识情绪所必需的自我归因成分之一；相反，个体将注意指向外部环境，即使产生了自我表征行为，也不能体验到自我意识情绪。是什么让注意集中于自我？这可能是由事件自动引发的，如在镜中看到自己。确实，有许多自我意识的实验研究都采用镜子来引发自我集中注意（Buss，1980；Duval，et al.，1972；Scheier，et al.，1977）。自我集中注意的重要性是得到早期研究支持的，这些研究表明，自我集中能加强情绪体验。与这些发现一致的是，Carver 和 Scheier

(1998)提出，个体必须将注意集中于自我以识别当前自我状态与目标状态(如理想自我的标准)之间的一致或不一致，从而产生积极的或消极的情绪体验。他们已经证明，通过实验的方法引起的自我集中注意会加强积极或消极情绪的内部体验(Scheier, et al. ,1977)。

若注意集中指向自我表征，则产生第三个认知过程，即评估事件是否与个体的身份目标有关。这种评估关注的是特定的事件对于个体是谁或他想成为谁是否重要或是否有意义。一般来说，与重要的自我表征相关的任何事件都可能被评价为与个体的身份目标相关；相反，与个体适应相关的事件被评价为与生存目标相关。如一个男人在野外露营，看到了一只熊，他可能会将这个事件评价为与他的生存目标相关，进而感到害怕——这是一种初级情绪。然而，如果他与女朋友在一起露营，他意识到在女朋友面前，他的行为会影响他在女朋友眼中的形象，也会影响到自我表征，看到一只熊可能会被评价为与他的身份目标相关。这个事件也会引发自我意识情绪。他可能会勇敢地与熊搏斗，如果他把熊打跑了，会产生自豪的情绪。相反，如果他害怕得尖叫，然后跑掉了，这会让他感到羞愧或内疚，因为他不胜任“男朋友作为保护者”的身份，尤其是如果他把女朋友留在那里做了熊的午餐。所以，生存目标和身份目标有时会产生冲突，甚至身份目标取胜时，会使个体产生适应不良的行为，如露营者尝试与熊搏斗，这与他的身份目标一致，但与他的生存目标不一致。

若事件被评估为与个体的身份目标有关，则会产生第四个认知过程，即评估事件是否与个体身份目标相一致，这样的评估决定了情绪的维度。个体如何确定事件与身份目标是否一致？与身份有关的评估会激活当前的自我表征，与个体稳定身份的多个方面有关(如真实的、理想的、应该的自我；过去的、现在的或未来的自我；私下的或公开的自我)。如在考试中失败可能引发当前的自我表征(失败的学生)。当前的自我表征会与个体稳定的、长期的自我表征包括真实的自我表征(我是一个成功的学生)、理想的自我表征(我要成为一个成功的学生)进行比较(Higgins,1987)。上述例子中，学生会注意到当前的自我表征与理想的自我表征不一致，从而将事件评估为与身份目标不一致，这种不一致会引发消极自我意识情绪，如羞愧或内疚。相反，在测验中取得好成绩会激活当前的自我表征（成功的学生），这与学生真实的或理想的自我表征相一致，进而产生积极的自我意识情绪，如自豪。

当个体对事件与身份目标的一致性进行评估后，就会导致第五个认知过程的产生，即对事件的原因进行评估。事件的原因是指向内部（个体内部）还是外部（个体外部）？这个问题可以被理解为“我需要对事件负责吗？”或是“事件是因为我而发生的吗？”对事件原因指向的评估经常是自发产生的。许多研究者对归因方向的评估进行过探讨，大量的实验和理论工作已经表明，个体对成就或人际情景中的行为会做出何种反应，有目的的归因是一个重要的决定因素（Heider，1958；Peterson，1991；Weiner，1985）。当个体将引发事件的原因指向内部因素，自我意识情绪就产生了（Lewis，2000；Tangney，et al.，2002；Weiner，1985）。研究还显示，对失败的内部归因会引起内疚和羞愧，对成功的内部归因会引起自豪（Weiner，1985；Weiner，et al.，1982）。相反的，对事件的外部归因会产生初级情绪。这也得到了已有研究的证实（Russell，et al.，1986）。初级情绪（如愤怒）也会由与身份目标相关的事件引发（如考试失败是因为老师故意为难）。事实上，在当前社会，这种归因方式可能是引发初级情绪最典型的方式。人们更可能会因为对威胁到他们身份的事件（如被合作者或朋友侮辱）做出外部归因而变得很愤怒或很害怕，而不是因为事件威胁到了他们的生存。为了支持这种观点，Markus 和 Kitayama（1991）提出，大多数情绪可能是因为自我关注引发的。当然，初级情绪也可以由单独对生存和繁殖目标的评价引起的。总之，过程模型扩展了早期关于内部归因与自我意识情绪之间关系的研究，并得出结论：归因能够调节自我表征或身份目标与产生情绪之间的关系；通过评估身份目标的相关性决定产生何种水平（初级或自我意识）的情绪。

若个体将事件归因于内部自我，接下来就要探讨是归因于个体稳定不变的因素（如能力）还是不稳定因素（如具体情境中的努力）。一个学生对他数学考试的失败做了内部归因之后，可能指责自己缺乏能力（一种稳定的因素），也可能指责自己缺乏为考试所做的努力（一种不稳定的因素）。同时在进行内部归因时还会产生这样一个问题：该事件是因为整个的自我导致的，还是自我的某些方面导致的？如同样考试失败的学生可能指责自己不聪明才导致考试失败，但也可能归因为自己缺乏数学方面的特定技能。一般来说稳定的原因更多的是整体的，而不稳定的原因更多是具体的（Peterson，1991）。整体和稳定的归因会影响特定的自我意识情绪是否会产生，羞愧和骄傲是由整体稳定的归因导致的，而内疚和成功引发的自豪更多的是由具体不稳定的归因导致的。

在以上提到的几个自我意识情绪理论中，混合模型过于简单，也没有实证研究的支持，而且从发展的角度来看，自我意识情绪的产生往往需要更为复杂的认知能力的支持，并不是简单地对初级情绪的混合。Lewis 等提出的自我意识情绪发展的递进模型是以儿童认知能力的发展为前提的，只有儿童具备相应的自我参照能力，自我意识情绪才能产生并发展，从而提出儿童自我意识情绪的发展是不断递进的。但是自我意识情绪要在儿童 2 岁左右才会产生，其发展不可避免地会受到所处社会文化的影响，递进模型却忽视了社会文化因素对儿童自我意识情绪发展的重要作用。Mascolo 等提出的动态网状模型则弥补了递进模型的不足，将社会文化因素、生物因素引入自我意识情绪的发展，强调自我意识情绪的发展是一个动态发展的过程。自我意识情绪其实在婴儿时期就已产生，只是婴儿没有意识到，随着儿童社会认知能力的发展，情绪的不断细分，社会文化因素使得儿童的自我意识情绪沿着不同的方向发展。他们也通过比较中美儿童自我意识情绪发展的不同途径验证了自己的模型。但动态网状模型认为婴儿时期就已产生自我意识情绪，这样的观点似乎比较牵强，况且自我意识情绪比较复杂，婴儿时期真的能产生如此复杂的情绪吗？或者说婴儿时期只是表现出了一些自我意识情绪的某些特征，这是否意味着婴儿已经产生了自我意识情绪？Tracy 等提出的过程模型强调认知评价过程在自我意识情绪产生过程中的重要作用。虽然该模型也未提及社会文化、生物等因素，但该模型极为强调个体的认知评价在自我意识情绪过程中的重要性，而个体对事件做出何种认知评估显然已经包含了内外因素的影响。

纵观以上几个自我意识情绪的理论模型，我们认为，自我意识情绪不是先天的，在自我意识情绪的产生和发展过程中，认知能力的发展是不可或缺的。递进模型关注的是自我意识情绪的产生，而动态网状模型关注的是自我意识情绪的发展，过程模型则关注自我意识情绪产生的内在机制。所以这几种理论观点并不矛盾，而是相互补充。当个体具备了相应的自我意识能力，个体才能对遭遇的事件做出有意识的认知评估，且这种评估与自我有密切关系，产生自我意识情绪，同时在各种内外因素的影响下沿着不同的途径发展。

二、儿童自我意识情绪发展的研究

有关儿童自我意识情绪发展的实证研究并不是很丰富，总体来说，主要围绕儿童自我意识情绪认知的发展、儿童自我意识情绪的影响因素、特殊儿童自我意识情绪的发展等几个方面展开。

（一）儿童自我意识情绪认知的发展

Ferguson 等（1991）探讨了 7～12 岁儿童对内疚与羞愧的认知，他们发现内疚会被违反道德标准所诱发，内疚的感觉也可能出现在接近和逃避被害人的矛盾中，希望做出弥补和害怕惩罚。羞愧感觉来自于道德违反和社交错误的情景中。Haimowitz （1996）编制了适用于儿童的自我意识情绪问卷。Lewis 等（2002）考察了 4 岁儿童（60 名）表达尴尬和羞愧以及他们在压力反应中的皮质醇的反应，结果表明对压力的高皮质醇反应与评价性尴尬的表达和反应消极自我的羞愧有关。Tracy 等（2005，2006）探讨了不同年龄儿童对自豪的识别能力的发展。Denise 等(2006)采用临床访谈法研究了 6、8、10 岁儿童对初级情绪、自我意识情绪等的记忆和理解，儿童对消极自我意识情绪(如内疚)的回忆效果要好于积极情绪。国内学者桑标等(2007)采用故事情境法探讨了小学儿童情绪认知能力的发展，结果表明小学儿童对积极自我意识情绪的认知能力明显好于消极自我意识情绪。

纵观儿童自我意识情绪发展的研究，不难看出，大多数的研究都是侧重于某一种自我意识情绪进行探讨。这是因为不同的自我意识情绪之间本身存在很大的差异，为了能更清晰准确地了解儿童自我意识情绪的发展规律，在研究中可针对某种自我意识情绪展开讨论和分析，以便能更为系统地了解其发展的规律。

(二)儿童自我意识情绪发展的影响因素研究

Alessandri (1996)考察 42 名受虐待儿童与 42 名非受虐待儿童与他们的妈妈对羞愧和自豪的表达，结果表明，受虐待儿童在任务成功时没有被发现自豪情绪。当他们失败时，受虐待的女孩表现出更多的羞愧，当他们成功时，则表现出较少的自豪。Harter(2003)采用多种方法研究父母教养行为与学习障碍儿童的羞愧的关系，结果表明，母亲在与孩子讨论过程中表现出的行为与孩子即时表现出的羞愧有关，包括孩子报告的羞愧。Walter 和 Burnaford(2006)探讨了家庭成员的亲密度与儿童自我意识情绪发展的关系，结果发现，家庭亲密度与自我意识情绪之间的关系会随着儿童年龄的变化而变化。Karavasilis 和 Concordia(2007)探讨了家庭教养方式、气质及依恋与 6～8 岁儿童自我意识情绪之间的关系，他们提出父母的教养方式、依恋及气质在解释儿童羞愧倾向方面有重要作用。Scarnier 等(2008)考察了父母对孩子错误行为的羞愧或内疚反应，以及情绪与教育策略之间的关系。

有关儿童自我意识情绪发展的影响因素研究主要侧重于父母的教养方式对其的影响，很少涉及其他因素，而儿童情绪能力的发展过程中，教师和同伴的影响也不容忽视。

(三)特殊儿童自我意识情绪的发展

Ferguson 等(2000)探讨过心理健康中心儿童的内疚和羞愧的适应性问题。Zalecki 等(2006)研究了注意力缺陷儿童在表达自我意识情绪方面的特点,结果发现,与正常儿童相比,注意力缺陷儿童表现出较少的尴尬。Yuehua 和 Tong 等(2008)探讨了学习困难儿童的情绪理解特点,结果发现,相较于正常儿童,学习困难儿童理解自我意识情绪的能力发展比较迟缓。Joan 等(2009)考察了早期抑郁儿童的内疚和羞愧,结果发现高水平的羞愧、不恰当的内疚与学前儿童的抑郁有密切的关系。Heerey 等(2003)和 Tracy 等(2009)对自闭症儿童的研究表明,自闭症儿童由于缺乏自我意识和他人心理状态的觉知,他们在识别自我意识情绪这种复杂情绪时存在缺陷。这些研究结果都表明,儿童自我意识情绪的发展确实是以某些认知能力的发展为前提的。

第二章　内疚情绪

在日常生活中，我们经常会因为各种各样的原因做错事情或是违反社会的道德规则，比如老师没有调查清楚学生发生冲突的原委而冤枉了学生；孩子因为打闹导致同伴受伤；学生因为想要得到好成绩而偷看；没有及时帮助迷路的小孩而导致孩子被拐卖；因为太喜欢同学的文具而偷偷据为己有……我们可能会因为这些错误的行为而感到自责、后悔，这样的情绪就是内疚。内疚是自我意识情绪的一种，尽管是一种消极情绪，但同样具有积极的社会意义。本章将对内疚的含义、功能等进行详细的介绍。

第一节　内疚情绪的含义

一、内疚情绪的概念

翻阅各种词典，会发现对内疚概念的描述各有侧重。《现代汉语词典》将内疚描述为内心感觉惭愧不安，强调心理状态；《牛津英语词典》将内疚描述为因做错某事而产生焦虑和不安，强调内疚的原因和结果；《心理学大辞典》对内疚的描述是个体因为意识到自己违反了道德准则，进而产生的一种自责、悔恨的情感，强调内疚的体验和原因。

同样，心理学家对内疚也有着不同的理解。Hoffman(1984)认为，当个体伤害了别人，或是违反了某种道德规则，就会产生良心上的反省，进而产生一种需要对行为负责任的消极体验。从这个观点出发，他进一步指出，内疚常常发生在不道德的或是自私的行为中。当个体产生了内疚感，他就可能产生补偿性行为，这种行为可能指向被他伤害的人，也可能指向其他正在受到别人伤害的人。Barrett 和 Tangney 等也认为内疚经常与个体的弥补矫正性行为联系在一起，个体可以通过这些行为来纠正或是弥补自己的错误，同时也防止自己再犯这样的错误（Lewis，2000）。Baumeister 等（1994）提出内疚是一种不愉快的情绪状态，这种状态与那些可能会产生不良结果的个体行为以及行为的目的相联系。Lewis 则认为，内疚往往是因为个体把自己的行为看成是一个失败，对这种失败的评价是个体痛苦的来源，这种痛苦指向导致失败行为的原因和被该失败行为伤害的对象，注意的焦点主要集中于个体自身的行为。因此，一个内疚的人弥补这种失败行为的可能性就会增加。

国内也有研究者提出，内疚是个体由于自身的行为、想法与自己、他人或社会的标准不相符，进而对这种行为或想法产生自责、后悔等的消极体验（徐琴美，等，2003）。

虽然不同的研究者从不同的角度对内疚的概念进行了界定，但不难发现，研究者对内疚的兴趣着眼于内疚产生时的主观感受、内疚的原因以及处于内疚状态时的行为倾向。

二、内疚情绪的分类

Hoffman 等将内疚分为违规内疚与虚拟内疚。违规内疚就是以上我们提到的内疚，也是大家比较熟悉的。当个体对他人造成了直接的伤害，或是他的行为违反了公认的社会道德准则时，个体就会产生违规内疚。而虚拟内疚则是指个体实际上并没有做出伤害他人或违反社会道德的事情，但仍然会内疚自责。

(一)违规内疚

以上所提到的有关内疚的概念以及内疚产生的原因较多关注违规内疚。在日常生活中所提及的内疚通常也是违规内疚,如妈妈冤枉了自己的孩子感到内疚;因为急于上车把同学推倒,导致同学受伤,感到内疚;或是因为自己的过错导致自己的班级名誉受损而感到内疚;或是因为自己没有及时帮助他人,而使他人受伤等。所有这些内疚的产生都是针对自己已经产生的错误或违规行为。

(二)虚拟内疚

Zahn-Waxler 等(1979)最早提出虚拟内疚的概念,他们在研究中发现,当 15～20 个月大的婴儿注意到自己的母亲在没有什么原因的情况下表现出比较难过的表情时,婴儿自己也会变得难过,而且会试图靠近母亲以安慰母亲。有意思的是,还有 1/3 的婴儿看到母亲难过会责备自己,而且在后来的追踪研究中发现,这类出现类似内疚行为的婴儿比无此行为的婴儿表现出更多的内疚感。Hoffman(1989,2000)也发现,在日常生活中,有时人们尽管没有做什么伤害他人的行为,或者是他们的行为并没有违反社会道德规范,但当他们以为是自己做错了事情,或是自己的行为与他人受到的伤害有关,他们也会体验到内疚并且会自责。因此,虚拟内疚往往是个体即使什么都没做,或是被认为不必对伤害或违规事件负责任,但个体仍然产生了类似自责内疚的情感体验。Hoffman(2000)进一步提出,虚拟内疚在个体道德发展中起着非常重要的作用,在个体道德准则内化以及道德行为的自律和人际关系等方面都有强烈的动机作用。

违规内疚是个体存在主观故意去伤害别人,或真正做了违反规则的事情,自己良心发现后觉得对不住受害人而产生的内疚。而虚拟内疚则是个体即使什么也没做,也没有伤害别人,或者是别人受到的伤害实际上与自己没有直接关系,别人也认为个体不需要对此负责,但个体仍然产生了内疚体验，究其原因就是这违背了个体认同的内在道德规范。因此两者之间最大的区别在于个体是否需要为某些不良的结果负责，前者是真的需为不良结果负责而产生的内疚体验，而后者是个体认为需要负责，但实际不需要负责，个体仍然产生的内疚体验。

两者存在着密切的联系。违规内疚与虚拟内疚都是在移情基础上产生的，更多指向个体自己的痛苦体验。当个体违反道德规则伤害了他人，使他人处于痛苦之中，移情使个体体验到他人的痛苦，因为自己使他人处于痛苦状态而内疚自责。当然，如果个体在生活中曾有过类似的经历，这样的经历会提高个体对他人情感的敏感性，因此当个体意识到他人处于悲伤中，对他人的悲伤产生移情，他可能会回忆起自己也曾做过一些违规行为，也曾使他人处于悲伤之中，可能会怀疑是否又是自己的行为造成了他人的悲伤，如果发现他人的悲伤与自己有间接的联系，也会体验到内疚，这种内疚即为虚拟内疚。因而 Hoffman 认为虚拟违规导致虚拟内疚。

当然在日常生活中，有时违规内疚与虚拟内疚并不是截然分开的，如当个体取得成功时，他的朋友确实会希望他能稍微低调一点，这样才不会凸显出他们的失败；家人孤单时，也可能确实希望有人能对他们多点关心与照顾等。所以虚拟内疚有时也会与违规内疚有重叠的部分，但个体是否有伤害他人的意图，或是否违反了社会标准和道德准则会作为区分违规内疚和虚拟内疚的依据。

（三）群体内疚

相对于个体层面，群体内疚是与个体所属的群体有关的。自我觉察和认识有部分是依赖于他们所属的社会群体的。因此有时，此行为或行为结果与个体并没有直接的联系，但同样可能会影响到个体的情绪（Postmes, et al.，2010）。另一方面，当发生群体行为与群体价值不一致的情况时，即使人们并未参与到行为当中，但他们也会感到群体内疚情绪（Doosje, et al.，1998; Branscombe, et al.，2004）。个体需要对所属的群体作出认同，认同水平影响到其群体内疚感，高认同的人表现出更多的内疚情绪(Seger，et al.，2009)。

第二节　内疚与羞愧的差异

内疚和羞愧是两种不同的自我意识情绪，Freud时期，研究者们把羞愧和内疚等同起来，他们会忽视两者之间的差异(Tangney，2001；Tangney，et al.，2004)。最早关注两者之间差异的是Ausubel(1955)和Benedict(1967)，他们将内疚看成是一种私下的情绪，而羞愧是一种公开的情绪。近年来，随着自我意识情绪研究的发展，研究者们逐渐发现内疚与羞愧之间有着明显的差异。国内学者施承孙和钱铭怡通过总结以往的相关研究提出，内疚与羞愧在以下几个方面存在差异。

一、概念上的差异

Hoffman提出"内疚是个体危害了别人的行为，或是违反了道德准则，而产生良心上反省，对行为负有责任的一种负性体验"。个体一旦产生内疚后就会产生补偿行为的动机力量。羞愧又叫羞耻，Weiner认为当个体将自己消极的行为结果归因于自身的能力不足时，往往产生指向整个自我的痛苦体验，这便是羞愧，所以羞愧常常导致退缩行为。

Izard在分化情绪理论中提出，羞愧包含较多的害怕成分，而内疚包含更多的痛苦。Mead(1934)和Benedict(1946)曾提出，内疚更多与个体内在的道德要求有关，是自我的良心受到冲击后产生的相对更为私人化的体验，所以就算在无他人在场的情境中，内疚也会产生；羞愧的产生需要观众，个体更关注自身的不足是如何呈现在他人面前的，如在大庭广众之下演讲失败，所以羞愧产生于公开化的情境中。杨玲等(2007)对中学生内疚与羞愧关系研究中也发现了这个现象，进一步支持了这个观点。

二、认知评价上的差异

Lewis(1971)认为羞愧与内疚的主要区别在于对事件的主观解释不同,羞愧的体验是直接针对自我的,自我是负性评价的中心。内疚是针对自我的错误行为,自我的不良行为是负性评价的中心。这个观点得到了Tangney(2001)的认同。根据他们的观点,强调自我(我是个坏人)还是强调行为(我做了坏事)的差异导致了个体不同情感体验的产生。当然,具体在负性情境中个体究竟是羞愧还是内疚,这受到个体性格倾向的影响。一些研究发现,在相同的负性情境中,一些人可能会表现出羞愧情绪,而另一些人则会表现出内疚情绪,这似乎是个体身上稳定的个体差异(Lewis,1988;Harder,et al.,1992;Tangney,et al.,1992)。Lewis 提出,负性情境中易羞愧的个体具有场依存性的特征,而易内疚的个体具有场独立性的特征,这个观点与 Abramson(1978)所提出的抑郁归因模型相类似,也得到了国内实证研究的支持(施承孙,1997)。

Weiner 在他的情绪认知理论中也阐述了羞愧与内疚的差异,他认为两者都是由于失败引起的沮丧、痛苦和指向自我的消极情绪,都是与控制性特性有关,但羞愧更多的是与不可控性特性有关,内疚则更多与可控性特性有关。他在随后的一项研究中也证实了这个观点,羞愧通常是个体将失败归因于自身能力弱时出现,能力属于不可控的因素;内疚则是个体将失败归因于缺乏努力时出现,努力属于可控因素(Weiner,1985)。

从这些研究可以发现,个体在负性情境中会羞愧还是会内疚,取决于个体是如何归因该负性事件的,可见个体的认知评价在很大程度上决定了个体对相同事件的不同情绪体验,这也与上面所述的自我意识情绪的过程模型的观点相一致。

三、情感体验和外显表现上的差异

羞愧与内疚都属负性情绪体验,且比较相似,都是指向自己的痛苦感受，都会低头、目光回避等，但研究发现两者之间还是存在许多差别的（Lindsay，1984；Tangney，et al.，1992；Wicker，et al.，1983）。一些实验研究表明，内疚通常被看成是一种与后悔、害怕、焦虑相联系的情绪，且内疚与弥补行为有关。羞愧的个体更多体验到个体自身的无能感、无力感，对自我产生完全的否定，表现出逃避行为（Ferguson，et al.，1999；Tangney，1991；Tangney，1995）。张智等（2004）对内疚与羞愧的差异进行初步分析后发现，羞愧具有强烈的自我取向性，会否定自我，逃避现实，且经常以掩饰行为为主；而内疚感则注重行为本身，更多考虑的是自己的行为对他人造成的伤害，以及如何采取弥补措施等。

研究者认为羞愧比内疚更容易造成心理障碍。Joan 等（2009）针对父母与儿童的研究发现，高水平的羞愧与学前儿童的抑郁有密切的关系。内疚被看成是一种适应性情绪，羞愧则被看成是适应不良的情绪。Hoffman（1982）就曾提出内疚在道德发展中起着重要作用，内疚会唤起个体更多的亲社会行为，随后确实也有不少实证研究支持了这个观点（Baumeister，et al.，1994；Kochanska，et al.，1994；Krevans，et al.，1996；Zahn-Waxler，2000）。Kochanska 等（2002）指出在儿童社会性发展中需要内疚情绪，因为内疚能帮助儿童抑制违反规则行为的产生。还有一些研究表明，内疚在加强人际关系和解决人际问题中有积极作用（Baumeister，et al.，1994；Covert，et al.，2003；Konstam，et al.，2001；Leith，et al.，1998）。Dearing 等（2005）发现内疚倾向与酒精和药物滥用及个人不幸之间存在负相关，而与同情有正相关；但羞愧倾向则与上述问题行为有正相关，与同情存在负相关。

第三节　内疚情绪的研究意义

一、内疚情绪的功能

当一个人正体验内疚情绪时，必然是不舒服、不愉悦的，根据趋利避害的原则，人们总希望摆脱这种不舒服、不愉悦的情绪状态。我们可以远离让自己感到内疚的情景或人，但这样的逃避行为未必能真正让人放松，偶尔想起自己曾经做过的错事，还会懊恼不已。当然，更多的人会在当下就采取弥补行为，或得到谅解、或弥补损失、或帮助他人，让自己从这种不良的情绪状态中解脱出来。因此，作为自我意识情绪家族的一员，内疚在体验上是消极的，但却具有积极的社会意义。

（一）内疚能激发个体增强人际关系的行为

内疚有助于促使个体去遵循那种大家共同遵守的标准，换句话说，如果个体在人际交往中出现了违规行为，内疚就会作为一种惩罚出现，这样的惩罚有助于减少违规行为的产生，从而遵守共同的标准。这种遵从行为会降低个体在人际交往中受到伤害、失望或是被同伴疏远的可能性，所以人们在因为伤害了同伴、忽视同伴或辜负了他人的期望而感到内疚时，就会促使自己改变行为，从而维持和增强人际关系（Derber，1979；Fiore，et al.，1977；Rice，1990；Rusbult，et al.，1986）。

内疚作为典型的自我意识情绪，其亲社会的特性显而易见，当个体产生内疚情绪时，就会意识到自己的行为给他人或群体带来了伤害，就会即刻道歉，并努力做出补偿，及时消除对受害者带来的伤害；当然，无法给受害者进行补偿时，就会通过其他的方式，比如以帮助其他人、捐款等方式来减轻自己的愧疚感（Tangney，et al.，2002），这对个体适应社会具有重要的意义。

Vangelisti 和 Sprague(1998)的研究发现,内疚能促使个体避免不道德行为,产生道德行为,伴随着内疚的负罪感能增加人们的亲社会行为。Hoffman 也认为内疚不仅仅能引发个体的亲社会行为,而且还会促使个体为了避免这种不愉快情绪而改变自己的行为,使自己的行为更符合社会的道德标准,更具有道德价值。Ketelaar 和 Au(2003)研究了内疚在合作上的作用,结果发现,个体体验到内疚后会产生更多的合作行为。

对于儿童来说,除了家庭,幼儿园和学校是其主要的生活场所,也是他们社会交往的起点。恰当的内疚体验,可以激发他们随后帮助他人的行为,对于儿童建立良好的同伴关系极为重要,对他们以后的人际交往也非常有益。

(二)内疚作为人际交往中的一种技巧,影响其他人放弃一些原本的行为和想法

在人际交往中,有时我们会希望他人遵从我们的想法,但当他人没有遵从时,我们就会采用一些技巧来促使他人遵从,而内疚就是这些技巧中的一种。如,A 想让 B 去做一些事情, A 就会向 B 传递这个信息,B 接收到信息后,没有按照 A 的想法去做。此时,A 就会表现得很痛苦,这种痛苦会激发 B 的内疚感,而内疚感本身是一种负面情绪,B 会感到不舒服,想要摆脱这种不舒服,就会遵从 A 的想法去做。

(三)表达内疚可以降低受害者的痛苦感受

当违规事件发生后,受害者会遭受痛苦,违规者会受益。但如果违规者没有因为自己受益而快乐,反而非常内疚,这种内疚就会降低受害者的痛苦感受。因为违规者的内疚表明他已经承认自己破坏了双方的关系,而且感到内疚也是对受害者表示关心的表现。此外,如果违规者感到内疚,受害者就会认为违规者已经意识到自己做错了,内疚本身就是违规者对自

己的惩罚，是在向受害者表示歉意，而且这种内疚也向受害者表明违规者不会再重复违规行为(Locke, et al. ,1990)。

(四)内疚情绪帮助儿童形成良好的道德观念

当个体认为自己现实的道德行为与内在的道德标准不符合时，就会产生内疚情绪，从而改变自己的行为，如道歉或补偿等，这种反应具有道德净化的作用，使个体从道德角度审视自己，并进一步调整自我与道德标准之间的距离(Breugelmans,2006)。内疚情绪的产生过程中，自我扮演着非常重要的角色，促使个体有意识地用内在的道德标准衡量和评估自己的行为，促使个体对道德表现出敏感性，增加个体对社会的高度责任感，用道德、社会标准约束和指导自己的行为。

内疚情绪所具备的道德价值就在于抑制违反道德标准行为的发生，引发亲社会行为，当然也会促使个体改变不良行为，这对儿童的道德发展至关重要。曾经经历过的内疚体验，会让儿童在父母、教师不在场时也能从道德规范的角度约束自己的行为，加强道德标准的遵循，促使自己道德行为的产生。

二、内疚情绪与儿童教育

从发展与教育的实践角度来看，如何促进儿童情绪的良好发展，帮助他们更好地适应社会生活，是儿童发展中备受关注的重要课题。已有的研究表明，自我意识情绪具有良好的社会适应功能(Trivers,1971;Keltner, et al. ,1997;Baumeister, et al. ,1994;Gilbert,1998;Tracy, et al. ,2003;Tangney, et al. ,2002)。了解儿童自我意识情绪家族成员内疚情绪的发展规律，有助于在教育和生活实践中采用有效的方法去教育和引导，帮助儿童青少年更好地适应社会生活。

内疚同时又是一种道德情绪，它与儿童的心理健康密切相关，但由于内疚本身的复杂性和内隐性，往往被教师和家长所忽视，从而导致我们传统的道德教育过于强调道德行为规范的学习和道德认知的发展。这种道德教育的前提假设是当儿童学会了道德规范，就能约束自己不良行为的产生，从而促进其道德行为的发展。而具体的教育实践告诉我们，道德认知的发展与道德行为的发展并不完全一致，如现在有些不法商人明明知道自己在食品中添加一些物质，会给食用的人带来危害，甚至危害他人的生命，他们也知道自己的做法是违反道德规则乃至触犯法律法规的，但是在巨大的利益面前，仍然会铤而走险。经过多年道德教育的成人尚且如此，更别说正在成长中的儿童，即使他们已经将道德规则背得滚瓜烂熟，但并不一定能完全约束自己的不良行为，这其中很可能涉及道德情绪的因素。深入了解儿童内疚情绪的发展规律及影响因素，则有助于家长和教师在道德教育中重视道德情绪的重要作用，关注儿童内在的感受，从不同途径开展儿童的道德教育，使道德教育变得丰富而有效。

三、内疚情绪的理论意义

已有的儿童情绪发展的研究更多关注儿童初级情绪的发展，因为初级情绪在个体发展过程中出现得较早，且有明显而一致的外在行为表现，使得研究相对容易开展。而儿童自我意识情绪的发展尤其是各种不同自我意识情绪的发展，目前在我国还是相对薄弱的一个研究领域，加强和丰富该领域的研究仍然需要众多研究者的努力。其主要的原因在于，随着儿童年龄的增长，其情绪必然变得更为复杂和丰富，不能简单地从初级情绪层面去推测和了解他们真正的情绪感受，而需要对儿童高级情绪的发展进行系统而深入的研究和探讨，才能更好地了解儿童日益复杂的情绪体验，使得我们对儿童的情绪发展有更系统的认识和了解。

对儿童情绪发展内在机制的探讨一直是发展心理学家们关注的重点，然而绝大多数对儿童情绪发展内在机制的探讨均停留在初级情绪。内疚作为一种高级情绪，其内在机制往往较为复杂，尤其是儿童认知能力的发展与内疚情绪发展的关系更值得深入探讨。对情绪脑机制的研究有助于我们更直接地认识自己的大脑，更明确自己情绪的产生机制，对自我意识情绪神经基础的研究也能更明确这种情绪与其他认知能力之间的相互关系。

自从詹姆斯提出“主体我”和“客体我”的概念后，自我的发展一直是儿童发展研究中的重要内容，自我评价、自我概念、自我意识等都已经得到了充分的研究。而建立在自我意识基础之上的自我意识情绪也是自我的一部分，却很少得到该领域研究者的重视。但是，自我意识情绪又与儿童的自我发展密不可分。如一位自我评价为“乐于助人”的儿童可能会因为某次在地铁上没有给老人让座而内疚自责，为避免这种自责带来的不愉快体验，他可能会采取让座行为，也可能会修改对自我的评价“我并不是一个乐于助人的人”。自我意识会影响儿童自我意识情绪的产生，同样，儿童的自我意识情绪也会影响到他们的自我评价。

自从皮亚杰用对偶故事法和柯尔伯格用道德两难故事对儿童的道德认知展开系统研究后，儿童道德领域的研究主要集中于道德认知的发展，也有关注到儿童道德行为的发展。作为相对内隐的道德情绪却很少得到注意。然而作为道德领域的重要成员，道德情绪却与道德认知、道德行为关系密切。一位完全了解国家法律法规和社会道德规范的商人可能会因利益驱动而生产假冒伪劣产品欺骗消费者。但如果他为自己的行为感到内疚自责而无法释怀时，可能就会停止这种触犯法律、违反规则的行为；同样的，一位熟记校纪校规的学生可能为了得到好成绩而说谎，但如果他预测自己因为说谎得到好成绩会受到自己良心的谴责，很可能就会放弃自己的说谎行为。

第三章　内疚情绪发生与发展

内疚情绪是一种高级情绪，是对自己“坏的行为”的一种惩罚，是在儿童不断社会化过程中逐渐发展起来的，同时对儿童的社会适应及社会化有着积极的意义。本章着重对儿童内疚情绪发生的内在机制及发展特点做详细的介绍。

第一节　内疚情绪发生的机制

内疚情绪是如何发生的，这是内疚情绪研究中必然会思考的问题，但由于内疚情绪的复杂性，对这个问题的探讨也涌现了不同的观点。

一、注重个体内在因素

内疚最初是作为神学和哲学的研究对象，在心理学中，首次将内疚作为研究对象的是精神分析学派的创始人弗洛伊德(Freud)。他认为儿童的道德发展与早期的亲密关系有关。因为父母向儿童过早提出社会化的要求，导致儿童对这种外在的压力感到不满，而对父母的这种不满的情绪会让儿童体验到另一种情绪，就是焦虑。他们担心对父母的不满会使他们得到惩罚，或更糟糕的结果，即失去父母的爱，最终儿童为解除这种情绪，不得不把“不满”转化为“自我惩罚”。道德发展是逐步内化的一个过程，而在这期间，自我惩罚、内疚就是儿童道德发展的强大动力。

弗洛伊德将良心的发展分为两个阶段，第一个阶段是因为害怕失去爱而不去干坏事的良心是“坏良心”，这阶段体验的是社会性焦虑；第二个阶段是稳定超我形成后，内化了那些外界权威后出现真正的良心。因此，弗洛伊德认为内疚感的产生有两个根源，一是对权威的恐惧，二是对超我的恐惧。所以，弗洛伊德(1930，1933，1961，1964)认为内疚是个体内部冲突的产物，是超我用来影响自我做出决定的武器，“内疚的道德感表达了超我与自我之间的紧张程度”。Lewis(1971)也认为人际因素和人际交往过程与内疚毫无关系，“内疚仅仅产生于个体内部”，而且他还坚持，内疚甚至不会产生于与他人想象的冲突中。

在弗洛伊德之后的精神分析学家认为，内疚源于本我和超我的冲突，是因为违反了“良心”——儿童内化的价值观或标准。内疚是在个体的人格结构发展的基础上得到发展的，也就是本我、自我和超我。本我是最先发展和最基本的部分，由先天的本能和冲动、欲望组成。自我介于本我和超我之间，起到重要的调节作用，既要满足本我的某些需求，又要压抑一些不现实的冲动，来保护个体不受到伤害。超我，通常被视为良心，代表着社会的伦理道德，决定着自我满足本我的方式是否会得到外界社会的认可。儿童的“良心”最早吸收了父母的标准和价值观。所以一旦儿童的行为违反了“良心”，内疚就会产生(王蓓，2003)。

美国“存在主义心理学之父”罗洛(Rollo)认同弗洛伊德对焦虑的看法，认为焦虑标志着内心的冲突。但同时还受到克尔凯戈尔(Kierkegaard)的影响，以及自身在对抗病魔中的体会，认为焦虑是可能危及个人生存或信念、理想时产生的基本反应(叶浩生，1988)。因此他提出，内疚与焦虑一样，是无法避免的。因为人的一生中面临无数次选择，无论你选的是得还是失，都会对别人产生影响或对自己做的选择感到内疚和后悔，并且越是逃避和不敢面对焦虑的人，越会体验到更多的内疚；如能忍耐焦虑的力量越大，个体的自信心也会越大，相应的，最后体会到的内疚感会越少。

其他的研究者如Piers和Singer(1953,1971)也认为内疚产生于焦虑,并把内疚看成是个体对天生的侵略、破坏和性冲突(尤其是乱伦)的反应。他们坚持认为,真正的内疚感是独立的、不会有意识地参考听众的反应。Gilligan(1976)也认为,内疚是对弗洛伊德学说中早期的焦虑图式的反应,他强调对惩罚的预期是内疚的重要方面。Buss(1980)把内疚与个体的自我意识联系起来,他认为内疚是个人私有的,对内疚最好的检验是了解他们是否意识到自己的违规行为。虽然他增加了个体的内省因素,但仍然把内疚看成是单一的、内部过程的结果。

行为主义者Mosher(1965)提出,内疚可以被定义为一种普遍的对"关于自我调节的惩罚"。这里的自我调节惩罚是指内疚关注的不是他人给予的惩罚,而是个体对自己行为结果的不满意。因此,行为主义者的观点中,内疚是自我伤害的期望,不是人际交往的现象,这种定义没有强调人际交往因素的任何作用,而是又一次表明了"内部标准"可以从别人那里习得。

二、注重外部的人际交往因素

Rank(1929)就曾认为,内疚的产生主要是由于幼儿期对母亲的依恋,以及对于打破依恋的恐惧和焦虑。根据Rank的观点,内疚是为了保留那种依恋关系。De Rivera(1984)也提出,所有的情绪状态都是建立在人际交往上的。所有情绪的功能都是为了调整这些关系。Ausubel(1955)认为,羞愧是个体在他人真实的判断或假设他人的判断时所做出的反应,而内疚则是"一种特殊类型的道德的羞愧",包含着一种人际交往的背景。Horney(1937)也曾提出,内疚体验来自于对他人不赞成的恐惧。进化论者(Trivers,1985)也提出人类情绪产生于自然选择,因为这能防止人们采取有可能破坏与他人关系的行为(这样的关系可能对于生存和发展是至关重要的)。

Baumeister等(1994)提出社交特征是内疚情绪中比较重要的组成成

分。引起内疚典型的原因是伤害、失去同伴或使同伴感到痛苦。他们提出,内疚的两个情感来源是共情的唤起以及对社交排斥的焦虑。个体对于他人的灾难、痛苦,天生就有一种共情,当个体把他人的痛苦归因于自己时,就会产生内疚情绪,即当看到别人痛苦时,个体会产生一种不愉快的体验,这种不愉快的体验就是内疚产生的基础。除了共情之外,归属感和依恋也是两个重要的情感反应来源,当个体与母亲或重要他人分离或被他们排斥的时候,会体验到焦虑(Bowlby, 1969,1973; Baumeister, et al., 1990)。因而,随着年龄的增长,当个体意识到存在社交排斥的威胁时,也会产生焦虑,内疚是这种焦虑的一种方式。如果一个人做了某些事情(如违规)遭到同伴的拒绝,这时产生的焦虑即可被认为是内疚。

这两种观点看似非常矛盾,前者强调个体内部因素决定了内疚的产生,而后者则认为内疚是一种人际交往的现象,其产生的目的是为了更好地维持一种人际关系。笔者认为,这两种观点都有些极端,内疚的产生是个体内部因素与人际交往因素共同作用的结果,个体的内部因素,如某些认知能力的发展,内化一系列规则、标准、目的,这为内疚的产生提供了一个内在的前提。而人际交往因素则是内疚产生的外在诱因,只有在个体意识到自己行为的不当时,才有可能产生内疚情绪。也只有个体在人际交往过程中才会产生行为的规则、标准等,也才有可能产生人际冲突,进而产生内疚情绪。

三、Hoffman 的观点

心理学家 Hoffman 对内疚的发生机制进行过深入探讨,他提出移情性悲伤和认知归因是产生内疚的两大因素,并就内疚的产生机制进行了探讨,提出内疚的发生涉及三个环节(见图 3-1)。

若一个人对周围其他人的痛苦状态产生同情,这种移情作用会促使他自己的心里也不好受,这种不好受的情绪就会成为一种动机,促使他去寻找他人痛苦的原因。如果发现原因比较明确,而且与自己无关,个体就不

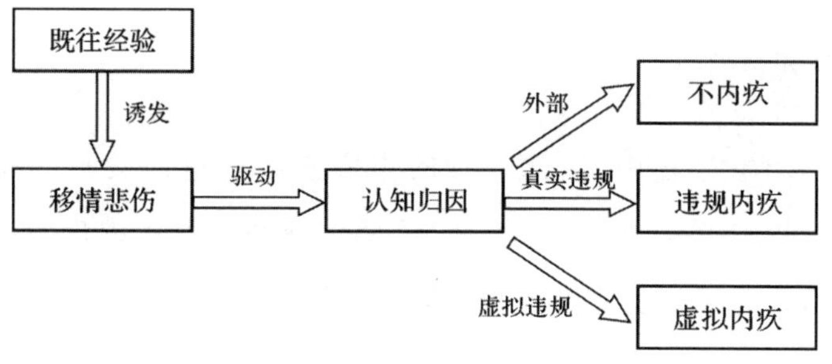

图 3-1　内疚的发生机制

会感到内疚,如看到妈妈因为交通意外痛失爱子而悲痛欲绝时,个体也许会掬一把同情泪,但不会内疚;但如果发现确实是自己做错了事情,个体就会产生指向自己的违规内疚,如司机发现这个孩子会在交通意外中丧生,是因为自己醉酒驾驶导致,司机就会为自己的错误行为而内疚万分,这便是违规内疚。妈妈因为没能好好保护自己的孩子而导致孩子丧生,尽管妈妈不需要负责,但她仍然会将孩子的丧生当成是自己的责任,体验到虚拟内疚。

因此从内疚的发生机制看,移情和认知在其产生过程中有极为重要的作用。

(一)移情

移情是连接个体的自我与道德行为的一个重要中介变量,是指知觉到他人的情绪体验,并产生相应的情绪反应,是个体对他人情绪的一种替代性情绪反应能力。移情属于道德情感的范畴,是一种在人际交往中双方情感的相互作用。Hoffman 认为移情是内疚产生的基础,当个体因为自己没有及时阻止某些造成他人受到伤害的事情发生时,他们最先产生的是移情性痛苦,然后才会感到内疚。Tangney 等(1996)发现,儿童与成人在描述他们自己的内疚体验时常常会表达移情性感情,且移情与内疚有显著相关(Tangney,1991;Tangney,et al.,1991)。Thompson 和 Hoffman(1980)的研究结果同样支持了这个观点。

（二）认知评价

在内疚产生过程中，认知评价的主要内容是自己的行为是否合适。Lewis曾指出，内疚是对“我做了坏事”感到悔恨。个体内疚时，自我因为与某些事情相联系而受到负面评价，但自我本身并不是评价的焦点，自我所做的事情或未做的事情才是负面评价的目标。当个体将事件评价为负面事件时，接着就会对该负面事件进行归因，如归因为外部，不会内疚，只有个体将原因指向自身的责任，尤其是自身的行为，内疚就产生了。如果个体将原因指向自己真实的违规行为或伤害他人的行为，违规内疚就产生了；而如果个体将原因指向自己的行为，但事实上该负面事件并不需要个体负责，就会产生虚拟内疚。

四、儿童内疚情绪发生的相关研究

国外的研究结果表明，婴儿在出生后的9个月内就已经产生全部的基本情绪。Kagan(1981)认为，儿童从2周岁左右就能根据某些社会规则对于自己的行为以及行为带来的结果进行一定的评价（李好好，2014）。对幼儿进行自然观察也发现，2岁的婴儿在游戏过程中，如果对对方产生了攻击行为，他会努力进行修复。而在3岁左右道德情绪（如自豪、羞耻和内疚）才开始萌芽（陈英和，等，2015；Lewis，2000；Tracy，et al.，2004）。Eisenberg (2000) 认为，在3岁之前，儿童就已经表现出初步的内疚情绪，并且随着年龄的增长，儿童对内疚的理解和表达在儿童早期得到了迅速的发展（陈英和，等，2015）。3岁左右的儿童已经获得了主要几种道德情绪，比如内疚、自豪和羞耻（Lewis，2007，2008），并有研究者通过母亲报告的方法对21～41个月婴幼儿的内疚情绪进行研究，发现幼儿在犯错后体验到不安的程度、倾向于道歉的程度以及对他人错误的敏感度都会有所增加；33个月的儿童在出现错误行为的实验情境中（如把娃娃弄坏了）会表现出内疚情绪反应，而且母亲提到的在犯错后出现不适并且会主动认错弥补过失的幼儿与其他同伴相比，在以后犯的过失更少(Kochanska，2002)。虽然如此，儿童的内疚情绪理解能力尚未成熟，仍处于初步发展中，并在之后的几年中才得到逐步的发展。

国内有学者对 24 个月的婴儿进行半年的纵向追踪，研究确定了 4 个方面 7 个成分的内疚发生指标，包括目光回避、弥补行为、身体紧张、消极情绪等。同时实验结果表明婴儿内疚在 27～30 个月发生，普遍发生月龄为 28 个月，不存在性别差异(于瑛琦，2013)。

也有研究表明，儿童从 2 岁开始会注意并理解他人的情绪，同时相对于 2 岁之前的情绪理解，能够更好地理解自己的情绪，即儿童的社会情绪开始发展(周念丽，2013)。比如，儿童会因为觉察到母亲生气的情绪而做出安慰的行为。不仅儿童会认识到这种情绪状态，有研究发现，31～36 个月的儿童会联系情绪发生的情景因素来解释情绪所产生的原因。再加上个体的记忆力发展，这一阶段的儿童能预见别人的情绪(周念丽，2014)。比如，当儿童意识到自己做错了事后，可能会惹母亲生气而表现出担心。这些情绪理解和表达能力的发展为之后的内疚情绪理解能力奠定了基础。还有研究发现，在儿童 3 岁左右时，自我意识情绪出现，并且作为自我意识情绪之一的自尊开始萌芽(冯晓杭，等，2007)。

第二节　儿童内疚情绪的发展

一、儿童内疚情绪的发展阶段

Mascolo 和 Fischer(1995)对自我意识情绪(内疚、自豪和羞愧)展开研究，他们发现个体的内疚发展遵循着“行为结果—与他人比较—自身特质—他人特质”的规律。他们提出内疚的发展可以分为 4 个阶段。

(1)0～3 岁。儿童在这个阶段会产生移情性反应，但还不能觉知他人的内部状态，还无法区分自己与他人。这得到儿童心理理论研究结果的支持，儿童一般要到 4 岁才能觉知他人的内在状态，所以这个年龄的儿童还不能确定自己做了伤害他人的事情，不会产生内疚感。

(2)4～5 岁。这个阶段的儿童移情能力进一步发展，儿童对他人内部状态的觉知能力得到发展，他们能理解他人的行为要求，并能根据某些道德标准来认识自己和他人的关系，因而初步产生内疚感。但他们这时的道德标准还没有内化成自己的行为准则，这时的内疚发展尚处于初级阶段。

(3)6～8 岁。这个阶段的儿童开始产生真正的内疚感。他们会因为没有承担自己的责任而表现出内疚情绪，同时还会伴随补偿性行为的发生。

(4)9～12 岁。该阶段儿童的自我意识水平不断提高，道德水平也随之提高，他们具备了维护和坚持道德标准的内在动力。当他们觉察到自己的行为与道德标准不相符或是违反了自己的道德标准时，就会产生内疚情绪，甚至有时会因为自己有了违反道德标准的想法而感到内疚自责。

二、儿童内疚情绪发展的相关研究

有关儿童内疚情绪的发展规律，Hoffman 等人通过研究已有了初步的结论，但由于内疚情绪本身的复杂性，儿童内疚的研究并不是很多。

道德规则的违反会诱发内疚情绪，而且内疚情绪通常会伴随着接近-回避受害者的心理冲突、自责、弥补或害怕惩罚的特征（Tamara，1991）。Kochanska 等(2002)研究了幼儿的内疚，他们以 22、33 和 45 个月大的幼儿为研究对象，发现幼儿内疚的行为和情感反应在不同的情境均具有一致性，33 个月和 45 个月大的幼儿，女孩表现出更多的内疚。Mascolo 和 Fischer 的研究结果显示，4 岁左右的儿童会因为自己对他人所造成伤害而感到内疚。6～8 岁时，儿童会由于自身未履行义务或责任而感到内疚。Ferguson 和 Damhuis 等(1991)提出 8 岁的儿童对道德的认知从以往单方面对权威的认同或不认同，发展到尊重与别人交往过程中彼此制定的规则。Graham 等(1984)曾对 6～11 岁儿童不同情绪(同情、愤怒和内疚)的可控性评价进行过调查,他们发现与其他两种情绪不同的是,儿童的内疚情绪更多受到行为结果的影响而不在于其是否意识到行为的可控性。Berti 等(2000)研究过 5～10 岁儿童对内疚、羞愧及悲伤的理解,研究发现,儿童在 5 岁左右就能理解这三种社会化情绪,只不过理解的程度会随年龄的增长而不断加深。Barrett 提出 9 岁儿童会产生社会违规内疚。Tangney 等(1996)的研究结果表明,9～12 岁的儿童表现出社会违规内疚,9 岁时会因为人际冲突而产生内疚。10～12 岁的儿童已经掌握了一定的道德准则或行为规范,并能够维护自己内在的标准(Mascolo, et al., 1995)。Tamara 等(1991)研究发现, 10～12 岁的儿童能够察觉和理解成人所表现出来的内疚和羞愧之间的差异。青少年阶段的儿童已经开始建立自己行为的标准和规范,违反自己的道德标准是产生内疚感的来源(Kohlberg,1984)。这表明儿童对于内疚情绪的理解能力有了很大的发展。

有研究结果显示,在 7～9 岁阶段,儿童对违规行为的内疚理解能力发展较快, 但 10 岁以后呈现出平稳发展的趋势(陈友庆,孙秀文,2013)。樊召锋等(2008)考察了中学生的内疚与羞耻的关系,发现中学生的内疚感与羞耻感是存在显著差异的,初三年级是其分化的关键期。丁芳等(2014)对初中生内疚情绪体验的发展展开研究,结果显示,初中生在家人和同伴情境中内疚情绪体验在年级上不存在显著差异,但随着年级的增长,初中生内疚情绪体验存在逐渐降低的趋势。

总之,内疚情绪在 3 岁左右开始萌芽,在不同情境下,内疚情绪的理解能力表现出不同的发展特点,小学阶段是儿童内疚情绪理解能力的迅速发展时期。

第四章　内疚情绪的研究方法及相关研究

第一节　内疚情绪的研究方法

内疚情绪是一种高级情绪，也是一种复杂情绪，没有可识别的、普遍的脸部表情，也没有明显而一致的肢体动作，因此初级情绪的研究方法无法直接用于内疚情绪的研究，这便产生了内疚情绪独有的研究方法。

一、自我报告法

在内疚情绪的研究方法中，自我报告法是运用最多的一种方法，通过被试的报告来测量内疚情绪的各个方面，具体来说，也有不同的形式。

(一)假设情境中的自我报告

这种方法最早是由 Perlman 在 1958 年提出来的，后来 Bell(1972)也采用了类似程序。其基本过程是先呈现给被试一些日常生活中比较常见的能诱发内疚情绪的假设情境，如“在一次以班级为单位的比赛中，因为你犯了一个严重的错误，导致班级成绩低下，班级荣誉受损”，同时在每个情境后面都有关于被试在该特定情境中出现内疚体验的现象学描述，如“我应该认识到班级荣誉的重要性，并且应该努力做得更好”。要求被试在阅读完每个假设情境后在5点、7点或9点量表上对这些描述是否符合自己的内心状态进行评分。在这种方法的使用中，应用最为广泛的是Tangney(1990)和他的同事编制的自我意识情感与归因问卷(Self-conscious Affect and Attribution Inventory，SCAAI)，后来他们又对该问卷做了修订并命名为自我意识情感测验(Test of Self-conscious Affect，TOSCA，2002)，这个测验共设计15个假设情境，包括羞愧体验量表和内疚体验量表两部分。该量表后来被多个国家的心理学家修订并应用，证实具有良好的信效度。此外，Lynn O'Connor和他的同事(1997)编制了人际内疚问卷(Interpersonal Guilt Questionnaire，IGQ)，这个问卷共有67道题，用于测量人际内疚的四个维度。

在此基础上，国内对于中学生内疚情绪的理解基本采用该方法，通常是通过访谈和调查收集诱发中学生内疚情绪的情景，然后在调查所得的情景基础上自编内疚情绪故事，要求被试对之后的问题或选项逐一作答，然后对被试的回答进行分析，进而探究中学生内疚情绪的发展特点及与其他变量之间的关系(孙少英，2011)。

(二)临床访谈中的自我报告

由于假设情境中的自我报告要求被试自己作答，采取问卷形式，这种形式如果用于儿童被试，显然是不合适的，因此在针对儿童被试的研究中常常采用的是皮亚杰所创立的临床访谈法。内疚研究中的临床访谈也是给被试讲述几个假设情境，如“在比赛中，某某小朋友因为想得到第一名而故意让同伴摔倒”，然后让被试就这个情境回答一些问题，如该情境中的某某同学这时会有什么感觉？为什么？会怎么做？等等，之后对被试的回答进行编码分析。国内研究者徐琴美等(2003)就采用这种方法对儿童内疚理解能力的发展进行过探讨。

（三）真实情境中的自我报告

在假设情境中要求被试对自己的内在情绪状态进行报告，这种方法要求被试想象自己正处于该种情境中，将自己的想法投射在假设情境或假设的角色身上。但主试给出的假设情境并不是每个被试在自己的生活中都经历过的，而且也并不是每个被试都能使自己处于该假设情境中，因而所得研究结果的可靠性就会受到质疑。真实情境中的自我报告则是让被试描述一件他自己经历过的内疚事件，然后要求被试对随后的一些问题进行回答，通常也是 5 点、7 点或 9 点量表的打分，也有一些是半结构式的问题。张智等人（2004）就曾使用该方法对 270 名全日制大学生的内疚与羞愧现象差异进行研究。

此外，还有研究者根据对被试内疚情绪诱发情景的调查，在实际教学环境中设置真实的情景，诱发被试的内疚情绪。如通过考试方式巧妙设置相应指导语，引发被试的作弊行为，探究被试由于作弊行为情景诱发的内疚情绪，并考察内疚情绪对其道德行为的影响（孙铭鸿，2015）。该方法在真实情景中诱发被试的内疚情绪，具有较好的生态效度。

二、实际情境中的行为观察

这种方法是在实验室创设一个情境，诱发被试的内疚情绪，通过摄像的方式对被试的反应进行录制，对被试的行为反应进行研究分析。这种方法主要是给儿童呈现一个模拟的场景，然后观察儿童此时此刻的反应和表情状态。Grazyna 等（2009）就采用这种方法测量幼儿的内疚情绪，如让儿童拿一个很特别很有价值的属于实验助手的东西（如一个娃娃和一件 T 恤，一个木琴和一个咖啡杯等），儿童刚拿到这个东西，它就很戏剧性地裂开，这时助手表现出非常遗憾的表情。将幼儿在这个情境中的表现录下，进行分析编码。

国内也有研究者采用过类似的研究方法，主试邀请被试玩一些玩具，然后拿出小熊玩具，告诉被试，小熊是主试的妈妈给他的生日礼物，非常珍贵，主试非常喜欢。要求被试不能弄坏小熊。主试离开一会，回来后接过小熊，发现小熊的胳膊掉下来（事先已经坏掉，只是拿给被试时伪装成完整的），然后主试观察被试的行为反应，并询问被试一系列问题，进而探究此时儿童内疚情绪的发生指标等。

三、整体形容词核查表

这种方法并不是试图让被试处于特定的情境和事件中，而是向被试呈现具有内疚倾向的形容词，然后统计被试在每个形容词下的得分或出现频率。Harder（1990）就曾编制了一个基于形容词的自我报告纸笔测验——个人情感问卷（Personal Feelings Questionnaire-2，PFQ-2），这个核查表共有 20 个内疚形容词，如后悔、懊恼等，要求被试在 5 点量表上进行评定。

整体形容词描述法在研究中运用的比较少，因为相对于其他研究方法，整体形容词描述法的研究比较有局限性，并且由于内疚情绪是一种比较复杂的复合情绪，能够描述内疚情绪的字词比较有限，在没有具体情境的情况下，是很难将内疚情绪与其他情绪分离的；但可以将此方法与其他研究方法结合起来。

四、脑成像研究

随着科学技术的进步，研究者可以利用先进的仪器来进行内疚的脑机制研究。比如，核磁共振成像、脑电图、正电子断层扫描等。Takahashi 等人以含有尴尬、内疚以及中性情绪的句子为材料，以功能性磁共振成像（fMRI）技术为方法，来比较内疚和尴尬的生理机制的区别。

更多实证研究采用的是结合自我报告法来诱发被试内疚情绪。众多研究都发现杏仁核在内疚情绪加工中起着关键作用，其他还有内侧额叶、颞上沟及周围皮层与内疚情绪加工有着密切的关系（Ciaramidaro，et al.，2007）。国内学者冷冰冰等结合自我报告法、情境模拟法、过失范式和经济博弈范式来考察内疚的脑区调控，研究结果显示主要激活的脑区为前额叶皮层和岛脑等（冷冰冰，等，2015）。

第二节　内疚情绪的相关研究

尽管内疚情绪已经得到研究者的关注，但对于内疚情绪的研究并不是很多，也没有系统性。为了对内疚情绪的研究有全面的了解，笔者对该情绪的相关研究进行了梳理。

一、内疚情绪影响因素的研究

内疚情绪尽管作为负性体验的情绪，但对儿童的社会化、积极社会行为的发展有着良好的推动作用，因此对内疚情绪影响因素的研究将有助于父母和教师能适时地引导儿童产生恰当的内疚情绪，有效教育和引导儿童。

Walter 等（2006）探讨了家庭亲密度与青少年内疚倾向的关系，结果发现，青少年与父母的亲密程度与他们自己报告的内疚有密切的关系，与兄弟姐妹之间的亲密程度在青少年报告的内疚情绪中也有着重要作用，而且父母、兄弟姐妹在女孩的内疚倾向中更为重要，父母的重要性在男孩的内疚倾向中更为明显。

Silfver（2007）研究了中学生的内疚及性别差异，发现移情、同情关注和观点采择都与内疚有密切的关系。他们的研究还发现，只有男孩因为欺骗而产生的内疚与同情关注和观点采择有关，而女孩则因自己不作为而产生的内疚与同情关注和观点采择有关。高学德等（2008）考察了大学生和青少年犯的反事实推理与内疚、羞耻的关系。

国内对于儿童内疚的研究较多地集中于虚拟内疚。王蓓等（2003）就对中小学生虚拟内疚机制及其德育价值进行过研究，他们发现，关系的亲疏、结果的轻重、移情水平的高低对虚拟内疚产生重要影响。自我责任归因是虚拟内疚产生的主导归因，儿童虚拟内疚在促进个体道德自我的形成与完善、道德行为的实施方面都有积极的意义。张捷等(2003)探讨了中小学生责任性内疚的影响因素，结果发现，是否直接接触造成对他人的伤害、结果的严重程度、移情水平的高低及自我归因等是影响中小学生责任内疚的重要因素。刘金梅(2009)研究过不同虚拟内疚类型下的青少年亲社会行为选择，结果发现，青少年的虚拟内疚体验强度随年龄的增长而逐渐加强。但初中阶段，他们对虚拟内疚的体验出现了反增长的趋势，而且移情水平会影响个体的虚拟内疚体验强度。

二、道德领域的相关研究

内疚被视作一种道德情绪，它与道德行为紧密相联。当个体意识到自己的行为伤害到他人或群体时，内疚情绪就会产生，并驱使个体去补偿自己对他人或群体造成的伤害；如果无法补偿受害者，就会以各种方式去弥补自己心中的愧疚(Lewis，2000)。因此，内疚情绪与道德领域中的相关变量(如责任、努力控制等)之间的关系密切。有关努力控制的实验研究表明，努力控制有助于儿童的规则遵从行为和道德等多方面的发展，而且还能阻止儿童反社会破坏行为的发生(Eisenberg，et al.，2004；Kochanska，et al.，1997；Kochanska，et al.，2002；Rothbart，2007；Rothbart，et al.，2006)。而且大量关于内部机制的研究表明，与违规有关的不安和努力控制有独特的共享神经基础和社会化前提。杏仁核和交感神经系统在道德反应和内疚中尤其有重要作用(Damasio，1996)。临床和实验研究证据表明，内疚和努力控制有相同的神经通路，即包括杏仁核、中额叶和前额叶皮层(Raine，2008)。而且内疚和努力控制有相同的社会化因素。Kochanska等(2009)观察了22个月、33个月和45个月大幼儿的内疚及其努力控制，并探讨两者对幼儿破坏行为的影响。结果发现，高内疚倾向幼儿在努力控制因素上的个体差异对其破坏行为没有预测作用，而低内疚倾向幼儿在努力控制上的个体差异对其破坏行为有预测作用。

Ketelaar 和 Au(2003)用实验法对内疚与合作行为的关系进行了研究,他们发现内疚可以增加人们的合作行为,尤其是可以增加那些平时有自私倾向个体的合作行为,当然这种行为具有一定的即时性。Ilona 等(2007)探讨了内疚对合作的影响,结果发现内疚能提高个体的合作行为,而且不同类型的个体,内疚对合作行为的影响也有所不同。个人倾向的个体在体验到内疚后会产生更多的合作行为,而社会倾向的个体没有这种效应。Nelissen 等(2009)提出内疚会导致亲社会行为的产生,但是当个体没有机会对自己所做的不当行为进行弥补时,个体就会自我惩罚,如拒绝让自己愉快等。

以往关于内疚与羞愧的差异分析都赞同羞愧更多产生回避行为,而内疚产生更多趋近行为。内疚是否一定会产生趋近动机呢? Wicker 等(1996)的研究发现羞愧能促使个体报告强烈的回避动机倾向,但并没有证据表明内疚与强烈的趋近动机有关。一些研究表明羞愧和内疚与动机之间的关系不是很明确(Frijda, et al., 1989; Roseman, et al., 1994; Scherer, et al., 1994)。Toni 等(2006)的研究表明,当要个体回忆自己的错误行为时,被试报告更多的内疚和趋近动机,这可能是因为内疚被认为是平息受损关系更为有益的方法。在他人引发的事件中,羞愧更多与回避动机有关,内疚更多与趋近动机有关。

在内疚的产生机制中我们可以发现,对不良结果的责任认定会极大影响到内疚的产生,那内疚与责任的关系究竟如何?有研究者认为是责任感引发了内疚(De Rivera, 1984; Ferguson, et al., 1997; Izard, 1977; McGraw, 1987; Taylor,1996; Wicker, et al., 1983),而另外一些研究者则持相反的意见,他们认为是内疚导致了责任感(Baumeister, et al., 1994; Frijda, 1993),也有研究者提出责任感既是内疚产生的前提条件,又是内疚的结果(Roseman, et al., 2004; Smith, et al., 1985)。Marie¨ tte 等(2007)的研究则表明,责任感是内疚的结果而非内疚的前提条件。

后悔和内疚都是个体对消极结果负责时的情绪体验。Berndsen 等(2004)指出,后悔和内疚最大的区别在于人们需要负责的消极结果是针对自己的还是针对他人的。然而,内疚和后悔这两种情绪是否指向不同的心理过程,还是仅仅是人们用于指向不同情境(人际间的和个体内在的伤害)相同体验的两个词汇,这仍然不是很清楚。Russell 等(1977)的研究表明被试内疚和后悔的评价在各个维度上都是相同的。Mandel(2003)的研究发现后悔和内疚的相关系数达到 0.52。Fontaine 等(2006)的研究表明内疚和后悔在跨文化的研究中都有较强的相关。尽管理论和实验证据都表明两者之间有高相关,但一些理论学家也提出后悔和内疚之间是有差异的,而且经常是在道德领域(Roseman,1984)。Ben-Ze'ev(2000)提出“我们会因为需要原谅的事情感到内疚,但我们会因为失败的事情感到后悔”。也有一些研究者对此区分提出异议。Landman(1993)提出,一般来说,似乎很难想象一种没有后悔的内疚,但是却能找到没有内疚的后悔体验。Berndsen 等(2004)在区分后悔和内疚方面做出了非常重要的一步,他们从两类情绪产生伤害的类型上进行区分。具体来说,人际间的伤害和个体内部伤害之间的差异是内疚和后悔之间的最大区别。个体内在的伤害引发后悔,而人际之间的伤害引发内疚。Zeelenberg 等(2008)通过 3 个研究发现内疚会受到伤害类型的影响,而后悔没有受到伤害类型的影响,而且内疚和后悔有高相关,在人际伤害类型上,内疚与后悔有高相关,在个体内部伤害类型上,内疚与后悔没有相关。

三、文化领域的相关研究

DeVos(1974)就曾提出内疚的类型在不同的文化中是有所不同的,他发现日本文化中的内疚类型在西方文化中就无法被识别。而且已有的研究已经表明西方和东方文化中对自我概念的理解有所不同(Hofstede,1980;Triandis,1988,1993,1995),自我在内疚情绪中有着极为重要的作用,从而导致内疚情绪存在较大的文化差异。内疚作为一种道德情绪,与道德规则有着千丝万缕的关系，已有的研究表明东西方文化的道德规则存在极大的不同（Bedford，1994；Hwang，2001），道德规则巨大的文化差异也从另一个方面反映了内疚在不同文化中的不同功能和内容。

Olwen 等（2003）在此基础上提出了中国文化下内疚的三种类型：①内疚，指不能履行个人的责任，个体没有满足那些他自己认为应该满足的其他人的请求，产生了不良结果，个体会感到内疚，所以内疚是因为不能实现积极的责任而引起的，实质上是一个人的内疚；②罪恶感，主要是造成了消极的结果，如感到做了糟糕的事情，而这件糟糕的事情与自己的行为有关，所以个体关注的不是伤害了其他人，而是自己的行为违反了自己的道德标准；③犯罪感，违反了法律法规，这种内疚体验包括承认自己违反了规则，要承担因为违背规则而导致的消极结果。

Walinga 等（2005）也对新教徒和天主教徒的内疚反应、内疚产生的频率等进行了比较。结果发现，不管是新教徒还是天主教徒，他们与控制组相比，更多体验到了内疚情绪。Albertsen 等（2006）研究发现，亚洲美国人与欧洲和拉丁语美国人相比会体验到更多的适应不良的内疚情绪；天主教和新教徒相对于无宗教信仰的个体而言，也会体验到更多的适应不良的内疚情绪。Ersoy 等（2011）比较了土耳其与荷兰被试的内疚和羞耻体验，结果发现，土耳其人与荷兰人在违反工作规范而产生的内疚和羞耻体验上有显著差异，相对于违反工作规范，土耳其人在违反人际规范时体验到的羞愧与内疚情绪程度更深，而荷兰人则没有这种差异。而荷兰人因为违反工作规范而产生的羞愧和内疚要超过土耳其人。

Monteith 和她的同事通过几项研究考察了内疚在团体行为中的自我调节作用，低种族偏见的被试发现他们的报告中包含种族偏见，就会产生内疚，而且这种内疚会禁止自己当前的行为，进行自我反思（Devine，et al.，1991；Monteith，1993；Monteith，et al.，2002）。因而 Monteith 认为这样的体验会训练个体对环境中含有潜在偏见的线索变得更为警惕，在以后的报告中变得更为小心谨慎。Devine 等（1991）也提出，认为自己遵循平等主义的美国人当发现自己表达了种族偏见时会产生内疚体验。Harvey 和 Oswald(2000)曾尝试在实验中引发美国白人的羞愧和内疚。Iyer 等(2003)也曾采用让被试回忆种族歧视来考察他们的内疚情绪。Amodio 等(2007)通过记录被试脑电的信息告诉被试,他们对黑人给出了消极的评价,然后让他们对当前的情绪进行报告。结果发现,这些被试报告了更高的内疚、焦虑、悲伤和其他的消极情绪,而且内疚情绪的提高幅度更大。Rupert 等(2008)曾考察了智利人对其祖先在历史上所犯错误而产生的集体内疚。

四、与其他精神病理学的相关研究

内疚情绪具有积极的社会意义,但作为消极情绪,其与抑郁、焦虑等不良情绪也存在一定的联系。内疚情绪有时也会引发个体的逃避行为,比如通过远离受害者来消除自己的内疚情绪。也可能因为一直无法做出补偿而产生压力,没有得到适时调节,会伴随焦虑、抑郁等消极情绪的产生。例如,某些“二战”老兵退伍后,常常因为在战场上杀害了很多无辜者而耿耿于怀,但又无法做出补偿行为,内疚情绪一直得不到调节,这种压力使得他们终生郁郁寡欢,甚至临终都无法原谅自己。国内对这方面的研究较少,国外研究者对此做过一些探讨。Lowe 等提出,内疚和焦虑很难做出区分。Burney 等认为,内疚情绪的消极性表现导致了饮食结构的紊乱。由此可见,内疚情绪与许多病理性症状有着一定的关联,引导儿童采用积极正性的途径调节内疚情绪则变得越来越重要。

第五章　儿童内疚情绪实证研究的构思

通过对内疚情绪相关理论和研究的梳理，我们发现，虽然有不少研究者对内疚情绪的发生和发展提出了各自的观点，但对很多问题的研究仍然稍显不足。例如，儿童对内疚情绪的认知存在怎样的发展特点？哪些因素会影响儿童内疚情绪的发展？内疚情绪作为自我意识情绪的一种，它与初级情绪的差异也只停留在理论分析上，缺乏实证数据的支持。相对于儿童初级情绪的研究，自我意识情绪的研究起步较晚，而我国在这方面的相关研究更是少见。因此有必要开展此方面的研究。本章将详细介绍笔者所做的一系列有关儿童内疚情绪研究的思路和构想。

第一节　研究内容

参阅前人的相关理论，我们拟在探索儿童内疚情绪发展一般趋势的基础上，设计实验，探讨人际因素（教师评价、同伴评价、对方反应）对儿童内疚情绪发展的影响，并进一步考察儿童内疚情绪与初级情绪的差异，以此揭示儿童内疚情绪发展的独特心理机制，并利用神经科学技术手段，初步探讨内疚情绪的神经机制，为自我意识情绪区别于初级情绪提供脑科学方面的证据。具体而言，我们的实证研究主要关注儿童内疚情绪发展的年龄趋势、影响因素、与初级情绪的差异分析及内疚情绪与初级情绪的脑机制四个方面的内容。

一、儿童内疚情绪发展的年龄趋势

自1884年詹姆斯(James)提出了“情绪是什么”这个问题后，众多的研究者开始反复询问、探索。早在20世纪初，皮亚杰就曾强调认知与情绪之间的相互作用，他认为当前的情绪以及即将出现的情绪状态会影响认知过程的激活，而认知过程反过来又会激活新的情绪。认知功能的发展和情绪的发展有着相互促进的作用，如婴儿看到人脸时要比看到物体时做出更多的微笑反应，微笑就成为区分人和物的工具，进而促进认知能力的发展。到20世纪中期，研究者们越来越认识到认知对情绪的产生和激活具有积极建设性的作用。著名的心理学家Kagan提出，情绪是表征外部事件、内在思维和个体体验这三者关系不断变化的上位范畴，如，看到一条蛇—想到可能会被咬—觉察到心跳加速，这三者协调一致，就构成了“害怕”情绪。当然，随着认知能力的发展，新的知识表征不断获得，个体的情绪也就得到了发展。

20世纪70年代以来，著名的情绪心理学家Izard以及后来的Ekman等人提出了“情绪分化理论”(Differential Emotions Theory，DET)，这个理论指出，有一小部分情绪是最基本的、独立于认知的动机系统，这些情绪有愉快、难过(悲伤)、兴趣、愤怒(生气)、害怕、惊奇和厌恶(恶心)，他们认为这些情绪是可以自动发生，并且能快速进入个体的意识水平，这些情绪的出现不依赖于认知能力的发展，其产生和激活也不依赖于个体的认知评估。除了这些独立的基本情绪之外，DET还提出非独立的情绪系统，如羞愧、内疚等自我意识情绪，他们认为这些情绪与自我、经验和学习以及对自我和他人的区分和评价的认知能力有密切的关系，也就是说，这些情绪要依赖于认知能力的发展而发展。机能主义者Campos(1994)就曾提出，情绪是“在对个体具有显著意义的情境事件上，个体建立、维持、改变或终止其与环境关系的一种企图”。从这个观点出发，个体的情绪发展依赖于个体对周围情境事件与自身关系的认知。

不管是生物学的观点、认知的观点还是机能主义的观点，内疚作为情绪的一种，必然与认知能力有着密切的关系，但内疚作为自我意识情绪的一种，其产生与发展相较于初级情绪而言，内在过程更为复杂，而且还要依赖于自我的发展而发展，个体只有具备了一定的自我评价能力，能对与自我有关的事件进行相应的评价，才有可能产生内疚情绪。

自我意识情绪的多数理论都认同内疚情绪的产生与发展是以一定的自我认知能力的发展为前提。我们的实证研究拟选取不同年龄阶段的儿童为被试进行，探讨儿童在不同年龄阶段内疚情绪理解的发展规律。

二、儿童内疚情绪发展的影响因素

在儿童发展过程中，各种能力的发展均有着明显的年龄特征，这说明生理的成熟在儿童各种能力发展中有着举足轻重的作用。然而发展心理学家也提出，个体的心理发展也存在着个体差异，这种发展中的个体差异有很大一部分是后天环境因素在起作用，正因如此，教育在儿童的成长中才变得如此重要。同样地，内疚作为一种有积极意义的情绪，教育者总希望能通过有效的方法诱导儿童适度的内疚情绪，以发挥其积极的社会意义。

精神分析理论认为，内疚情绪缘于本我和超我的冲突，是因为违反了“良心”——儿童内化的价值观和标准。美国存在心理学之父罗洛(Rollo)也提出，焦虑是内在冲突的标志，逃避和不敢面对焦虑则会产生内疚。Buss(1980)把内疚与个体的自我意识联系起来，他认为内疚是个人私有的，对内疚最好的检验是了解他们是否意识到自己的违规行为。

内疚情绪的人际交往理论则认为，所有的情绪状态都是建立在人际交往上的，所有的情绪功能都是为了调整人际关系(de Rivera，1984)。Rank(1929)就曾提出，内疚的产生主要是由于幼儿期对母亲的依恋，以及对打破依恋的恐惧和焦虑，因而，内疚的产生是为了保留与母亲的依恋关系。

Baumeister(1994)认为社交特征是内疚情绪中重要的组成成分。内疚的情感来源是共情的唤起和对社交排斥的焦虑，尤其是随着儿童年龄的增长，对同伴越来越重视，越来越希望得到同伴的接纳和认同。当儿童意识到在与同伴交往中存在被排斥的威胁时，就会产生焦虑，当他将这种排斥的原因归于自己时，这种焦虑就被认为是内疚。

精神分析理论强调内在的冲突是内疚情绪产生的原因，尤其是违背内在的“良心”成为内疚情绪产生的前提。然而儿童内在的“良心”即内在的价值和标准则是在与父母和教师的互动中不断内化的。因此，尽管内疚情绪的产生来自个体自己的评估，但评价的依据则很大程度上受到重要他人的影响。

人际交往理论更强调内疚情绪本身就是一种人际交往现象，是为了维持人际关系的存在，因此必然发生在人际交往的背景中。而在儿童的成长过程中，教师和同伴是其除父母之外最为重要的交往对象，维持与教师和同伴的良好人际关系是他们生活中的重要内容，因此教师的评价和同伴行为会影响儿童内在的价值和标准，进而影响其情绪反应。教师评价和同伴反应如何影响儿童内疚情绪的发展？这也是需要进一步探讨的内容。

三、儿童内疚情绪与初级情绪的发展差异

已有的情绪理论认为自我意识情绪与认知发展之间存在密切关系，但初级情绪的产生与发展是否也依赖认知能力的发展，内疚情绪与初级情绪的发展趋势是否一致，不同情绪理论的观点并不相同。

Isen 等(1972)就曾考察过情绪对亲社会行为的影响，他们在自动付费的电话找零处放置一些一角的硬币，通过被试无意中发现这些一角硬币来改变他们当时的情绪状态，然后观察被试的助人行为，结果发现了一个惊人的结果，如果被试没有发现一角硬币，只有 4%的人会产生助人行为，但发现硬币的被试中，有 84%的人会停下来帮助别人。这种现象并不仅仅限于是否发现意外之财。Baron 等(1994)就曾让被试闻花香等气味，与没

有闻花香的被试相比，前者更愿意花时间去帮助别人。很多的研究都表明，如果一个人处于良好的情绪状态，他们更可能以多种方式助人（Michael，et al.，1988；Isen，1999；Salovey，et al.，1991）。当个体处于不良的情绪状态，是否就会减少助人行为的产生？事实并非如此，消极状态释放模型（Negative-state Relief Model，Cialdini，et al.，1990；Cialdini，et al.，1987）提出，个体会通过帮助别人减轻自身的忧伤和苦恼。如好朋友沮丧时，我们也同样会情绪低落，但是如果我们做一些事情（比如讲个笑话，请朋友吃饭）让朋友高兴起来，我们自己的忧伤也会减少。

Aslovye 等（1991）认为，尽管助人也许不能总是很快地改善人们的情绪状态，但这种效应在更长时间内都会起作用。比如，“二战”中受难的人经常为帮助别人付出大量的金钱，之后在很长时间内，他们都对自己当时的作为产生满足感。不过，支持消极状态释放模型的研究并不多，Rosenhan 等（1981）曾做过一个研究以考察到底是积极情绪状态还是消极情绪状态下，人们的助人水平更高？被试被分为注意力集中于自己和注意力集中于他人两组，结果发现，在消极情绪状态时，前者的助人水平较低；但在积极情绪状态时，前者的助人水平反而更高。

内疚是一种消极情绪，同时又是一种发生于人际交往背景中的情绪，个体处于内疚情绪状态，就意味着他们会更多关注他人的状态，从而引发更多的亲社会行为。事实上，已有的一些研究已经证明了这个观点，如 Harris 等（1975）的研究发现，经常去做礼拜的人在忏悔前向慈善团体捐款的人比忏悔后的人多，因为向神父忏悔减轻了他们的内疚感。Carlsmith 等（1969）的研究也发现，高内疚感被试的助人行为明显高于低内疚感的被试，高内疚感的人实施助人行为的比例高达 75%，而后者只达到 25%。Konecni 等（1972）的研究也证实了内疚对助人行为的促进作用。

从以上研究可以发现，内疚情绪会引发个体更多的亲社会行为，但是作为初级消极情绪（如难过、生气等）就不一定能促进个体亲社会行为的产生。这些研究结果都来自成人，儿童的情绪与亲社会行为的关系到底如何？

四、内疚情绪的脑机制

当前情绪脑机制的研究已经比较丰富，已有的情绪脑机制的研究通常都从效价的角度将情绪分为积极情绪和消极情绪。关于情绪脑半球的问题，当前仍存在着很多的争论，目前得到支持最多的是效价假说（Valence-hypothesis），这个理论认为，人类大脑左半球支配积极情感，而右半球支配消极情感。Ahern 采用脑电图（Electroencephalogram，EEG）对比了积极情绪和消极情绪，结果发现，积极情绪和消极情绪在大脑的额区具有单侧化效应，而且积极情绪在左半球有更高的激活。Davidson 以及 Ashby 等的研究也都支持了这个观点。为何会出现大脑功能单侧化的现象？Silverman 和 Weingartner 提出，主要是大脑两半球加工信息的方式不同，右半球分析感官信息的早期成分，负责防御性行为，也就意味着处理的是消极情绪，而左半球分析随后的成分，比如探索、趋近和人际交流内容，一般处理的是积极情绪。

但最新的 PET 和 fMRI 的研究表明，在情绪发生过程中大脑的许多部位都被会激活，不能用功能单侧化这样的观点来解释。内疚在情绪效价上的划分应归为消极情绪，但它与个体的生存没有密切关系，反而具有良好的社会适应功能，如果从情绪的大脑功能单侧化观点出发，内疚会激活哪个半球？从效价的角度来看，应是激活右半球，但从其功能来看，应激活左半球，这些问题似乎目前并无研究者对其进行过探讨。

脑功能成像技术的不断发展，使情绪脑机制的研究得到进一步发展。许多研究者采用 ERP、fMRI、PET 等技术揭示了一些情绪活动的脑定位。前额叶皮层是情绪中枢的重要区域之一，在情绪加工过程中发挥着重要的作用。Depue（1999）采用 PET 技术研究发现，消极情绪形成时在右侧眶前回、额下回、额中回、额上回等部位发现葡萄糖代谢率增高；积极情绪则导致左侧中央前回及后回的葡萄糖代谢率增高。关于精神分裂症患者的研究中也发现，当患者的前额叶皮层被切除后，他们不能有效控制情绪，而且积极情绪很难被诱发(Gray, et al. ,2002)。杏仁核是人脑情绪网络结构中的一个重要部位,不少研究表明,杏仁核在消极情绪中发挥作用,但很少参与积极情绪的加工(Fox,1994;Adolphs,et al. ,1998;LeDoux,1993;刘鼎,等,2006)。内疚情绪是一种自我意识情绪,在内疚的产生、发展及理解过程中,往往需要以相应的自我意识的发展为前提,这可能与一般的初级情绪有一定的区别,内疚在大脑的定位如何,是与初级情绪有着相同的脑区定位,还是与自我意识有着相同的脑区定位,或是有着与两者不同的脑区定位?

情绪的 ERP 研究并没有发现特定的情绪 ERP 成分,但是大多数的研究都用 P300 来对情绪进行探讨。一些研究也发现,消极情绪能诱发更大的 P300 波幅(An, et al. ,2003;Dolcos, et al. ,2002;Schupp, et al. ,2000)。另一些研究者还就消极情绪的不同强度所诱发的 ERP 成分展开研究,结果发现,极端负性的情绪刺激相对于正性情绪刺激和中等程度的情绪刺激而言,会诱发更大的 P300 和 N2 的波幅(Yuan, et al. , 2007;Yuan, et al. , 2007;辛勇,等,2010)。研究者们认为这可能是消极情绪与个体的生存息息相关,因而在加工这些情绪时会得到更多的注意资源。内疚情绪是一种社会性情绪,虽然从效价角度看,内疚属于消极情绪,但是内疚对于生存的重要性并不如初级消极情绪那么大。对内疚的加工相对于初级情绪而言,其诱发的 ERP 成分会如何?

第二节　研究构思

我们有关儿童内疚情绪的实证研究包括四个部分:发展特点研究(包括预实验、实验 1 和实验 2)、影响因素研究(包括实验 3、实验 4)、发展差异研究(实验 5、实验 6)、脑机制研究(实验 7)。

一、儿童内疚情绪理解的发展特点

在这项研究中采用临床访谈法考察儿童内疚情绪理解的发展趋势。本研究以儿童为研究对象，主要以幼儿园大班、一年级、三年级和五年级儿童为被试，考察在不同年龄阶段，儿童内疚情绪理解的发展特点。

内疚情绪作为自我意识情绪，其发展必然建立在个体自我评价基础之上，儿童具备内在的评价标准，并能对照该评价标准对自己的行为进行评价是内疚情绪产生的前提。为更好地探讨儿童内疚情绪的理解能力，实验1首先选择5岁、7岁、9岁儿童为被试，探讨其是否具备对自己行为的道德评价能力，并考察这种能力对儿童内疚情绪理解的影响。

回顾以往有关内疚情绪的研究，多数采用假设情景中被试的自我报告。Hoffman、Tangney等均采用不同情景故事考察个体对内疚情绪的理解特点，这些研究大多在西方文化背景中开展，且研究的对象也各不相同。为探讨儿童内疚情绪的理解特点，势必采用儿童日常生活中的情景，一方面能保证唤起儿童的内疚情绪，另一方面也使得研究结果更具生态效度。为此，本研究首先在预实验中采用访谈法与问卷调查法对教师和家长展开调查，获得诱发儿童内疚情绪的情景，并分析总结诱发儿童内疚情绪的情景类型，然后在调查所得情景类型的基础上编制临床访谈的故事情景。

采用预研究调查所得的故事情景类型，实验2通过临床访谈法，以一年级、三年级、五年级小学儿童为被试，考察儿童内疚情绪理解的发展特点。为更深入地分析儿童内疚情绪理解能力的发展特点，将内疚情绪的理解分为三个层次进行分析。

二、儿童内疚情绪发展的影响因素

相关理论认为，人际交往特征是儿童内疚情绪的重要特征，人际排斥是内疚情绪产生的原因，儿童不断修正内在的价值和标准，逐渐社会化，以维持良好的人际关系，适应社会环境。第二部分的研究围绕人际因素，探讨不同人际因素对儿童内疚情绪理解的影响。违规行为更能激发内疚情绪,若内疚的原因可控,则当人们把失败归因于自己的不够努力时,更容易表现出内疚(Weiner,1986),而且具有可控性质的道德侵犯行为更能鼓励人们报告内疚(Ausubel,1955;Weiner,1986),因此研究中选择违规行为诱发儿童的内疚情绪。Elkind 和 Dabeck 等(1971)的研究发现,让儿童和成人对违规行为按其伤害程度进行排列时,被试都将身体伤害放在第一位。而且在 Nunner-Winkler 等(1988)的研究中从道德违背的程度上,也将身体伤害与说谎区分为两个等级。本研究中也选择身体伤害情景,放在人际交往的故事情景中,考察儿童内疚情绪理解能力的影响因素?

儿童学校生活中的主要交往对象为教师和同伴,教师和同伴的评价会极大影响儿童对自我尤其是自我行为的评价。本研究主要考察不同的人际因素对儿童内疚情绪理解能力的影响,共包括两个实验(实验 3、实验 4)。

实验 3 采用临床访谈法,考察教师评价和对方反应对不同年龄阶段儿童内疚情绪理解能力的影响。这是个 3(年龄:5 岁、7 岁、9 岁)×2(对方反应:有反应、无反应)×2(教师评价:有评价,无评价)的混合实验设计,其中对方反应和教师评价为被试内变量,年龄为被试间变量,内疚情绪理解为因变量。将从两个方面入手进行结果分析,一个方面探讨教师评价对不同年龄儿童内疚情绪理解的影响;另一方面则探讨对方反应对不同年龄儿童内疚情绪理解的影响。这个实验的假设是:教师评价对每个年龄阶段儿童的内疚情绪理解均会产生影响,尤其是对 7 岁和 9 岁儿童影响更强;对方反应会影响 5 岁儿童内疚情绪理解。

实验 4 在实验 3 基础上,考察不同的外在评价如何影响儿童内疚情绪的理解,同样采用临床访谈法开展研究。该研究实验设计为 2(年龄:7 岁、9 岁)×3(外在评价:无评价、教师评价、同伴评价)的被试间设计,所有变量均为被试间,因变量为儿童内疚情绪的理解。将从不同评价入手探讨是评价本身对儿童内疚情绪的理解产生影响,还是不同对象的评价对儿童内疚情绪的理解产生影响。该实验的假设为，不管是同伴评价还是教师评价，均会影响儿童内疚情绪的理解；外在评价能促进儿童内疚情绪的理解。

三、儿童内疚情绪与初级情绪的发展差异

回顾以往关于初级情绪理解的文献，儿童初级情绪理解的能力发展较早，大约到 6 岁已达到较高水平，但内疚情绪的理解能力发展则相对滞后，究竟是儿童对这两类情绪的理解能力在发展上存在差异，还是研究采用的方法及材料的不同所致？为此，在实验 5 中，我们将两类情绪放在一起进行研究，同样采用临床访谈法考察小学儿童对这两类情绪的理解能力在发展上是否存在差异？是否如 Jessica 等(2004)认为的在发展上有早晚之分？如两者之间在发展上有差异，那么他们的社会功能是否也会有所不同？

实验 5 试图以小学儿童为研究对象，考察其对初级情绪和内疚情绪的理解差异，以此说明儿童对两类情绪理解的发展差异。该实验采用 3(年级：一年级、三年级、五年级)×3(情绪类型：初级情绪、模糊情绪、内疚情绪)的混合实验设计，其中年龄为被试间变量，情绪类型为被试内变量，内疚情绪理解为因变量。该研究将从年龄入手，探讨不同年龄儿童在初级情绪和内疚情绪理解能力上的差异。本实验假设，不同年龄儿童对两种情绪的理解会表现出不同的特点，对初级情绪的理解能力高于对内疚情绪的理解能力。

内疚与难过从情绪效价角度同属于消极情绪，但以往的文献表明两者的社会功能有所不同，因此实验 6 试图考察两种不同情绪对儿童亲社会行为的影响。本实验采用现场实验法，通过设置不同情景诱发儿童的内疚和难过两种不同情绪，之后设计助人行为情景，探讨儿童体验到两种不同情绪后助人行为的变化。实验采用单一变量设计，自变量为情绪类型，为被试间变量，因变量为儿童的助人行为。该实验的假设为，当儿童体验到难过情绪时，不会提高其助人行为；但体验到内疚情绪时，会提高其助人行

为，进一步验证内疚情绪积极的社会功能。

四、儿童内疚情绪与初级情绪认知加工的脑机制

借助 ERP 技术，考察儿童对初级情绪与内疚情绪加工时的脑电成分变化，揭示其神经机制。目前，很少有研究者采用 ERP 技术考察内疚情绪的加工特点，但对初级情绪的 ERP 研究方面已经取得了一定的进展（如前文所述）。初级情绪与内疚情绪在发展上虽然存在某些差异，但从情绪发展角度来看，必然存在某种联系。

在实验 7 中，我们采用 Oddball 分类的实验范式，试图通过向被试呈现三类情绪句子（生存性初级负性情绪、社会性初级负性情绪、内疚情绪）以引起相关电位的变化，并对其进行比较，尝试对初级情绪与内疚情绪所涉及的 ERP 成分变化进行研究。主要考察儿童在不同情绪状态下脑电成分的差异，进而说明其内部认知加工过程的差异。研究采用单一变量设计，自变量为情绪类型，为被试内变量，因变量为各种波的潜伏期和波幅。研究假设儿童对三类情绪句子加工过程存在差异。

整个研究的具体框架如图 5-1 所示。

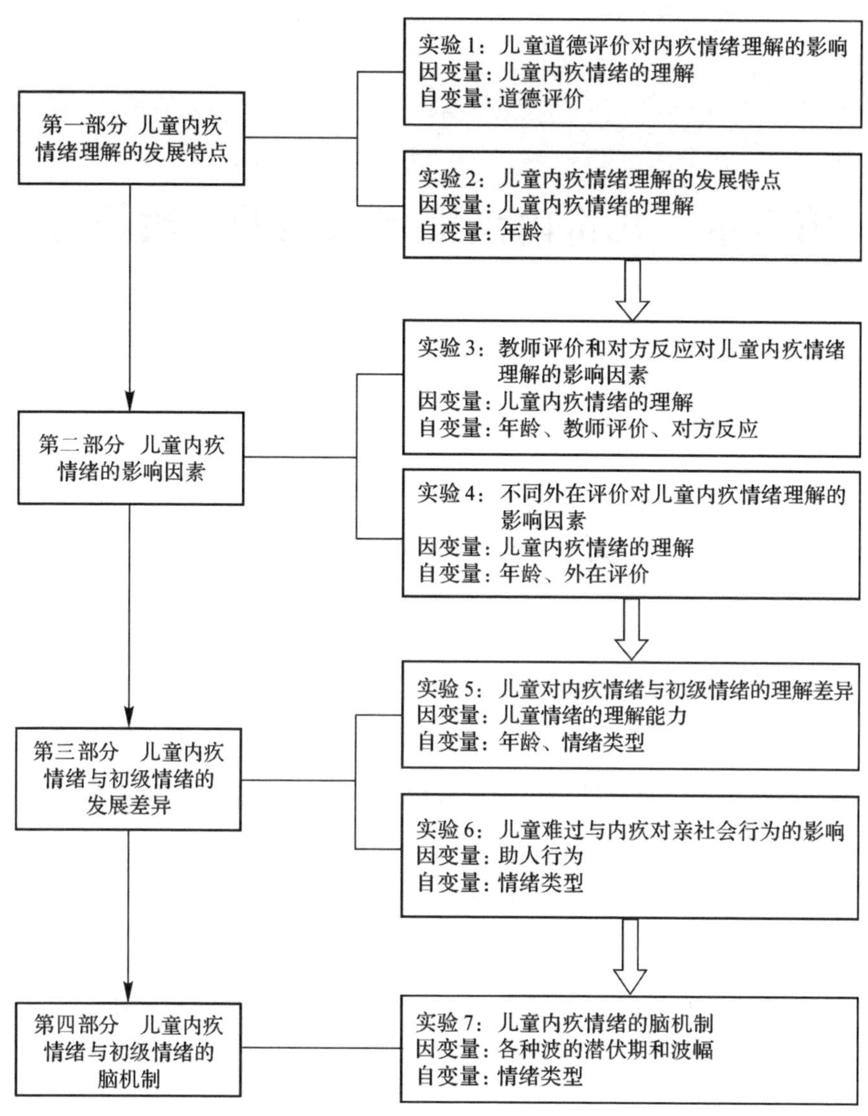

图 5-1　整个研究的具体框架

第六章　儿童内疚情绪发展的一般趋势

第一节　问题的提出

当个体伤害了别人，或是违反了某种道德规则，就会产生良心上的反省，进而产生一种需要对行为负责任的消极体验（Hoffman，1984），这就是内疚。内疚情绪的理解即是个体对这种消极体验的认识、对导致个体产生消极体验原因的推测以及该消极体验作用的认知。个体为了消除内疚这种消极体验，就会通过采取一些措施，如补偿、道歉，甚至通过帮助他人来获得内心的安宁。因此，内疚具有积极的社会意义，能帮助个体更好地适应社会环境，已有的研究也已经证明了内疚的功能主要在于促使亲社会行为的产生（Tangney，1991；Baumeister，et al.，1994；Baumeister，et al.，1995；Maitner，et al.，2006）。

Frijda（1994）就曾指出，内疚充当着无时不在的内在惩罚，使个体的行为与当前的道德准则保持一致。个体有时为了防止自己产生内疚体验，会提前抑制自己那些可能会危害他人或违反道德准则的行为，如当一名儿童预感到如果自己不遵守校纪校规就会拖累全班得不到小红旗，这会使他产生深深的内疚感，这种预感会阻止他违反校纪校规行为的产生，约束自己保持良好的行为。所以内疚感是一种消极情绪体验，但对个体和社会而言，却有着积极的社会功能。对个体而言，能促使个体更好地被社会接纳；对社会而言，更能保持和谐的状态。

20 世纪 60 年代的研究主要注重的是对内疚结果的研究，研究者们发现，由于违规产生的内疚会激发随后的助人行为，以及违规者的顺从。从 20 世纪 80 年代开始，许多研究者采用让被试自己报告的方法来研究内疚产生的原因。以后的研究都集中在内疚与羞愧的区分上。我国也有研究者探讨过婴儿的内疚产生，儿童内疚与其他变量的关系等。Brooke 就曾指出，内疚情绪总是发生于人际交往背景下。日常的生活经验也发现，人际交往的情景往往更能使人意识到自己的违规行为，更能诱发内疚情绪。因此，本研究将实验放在一个人际交往的大背景下进行。

对自己违规行为的道德评价是内疚情绪产生的前提，不同年龄儿童的道德评价是否会有所不同？明确的道德评价是否会影响儿童内疚情绪的理解？儿童在不同的故事情景中，内疚情绪是否存在不同的理解特点？

第二节　实验 1：儿童的道德评价发展特点及对内疚情绪理解的影响

一、引言

对内疚情绪的理解需要相应的认知技能，为了了解该年龄阶段的儿童是否已经具备了产生内疚情绪的认知技能，我们在实验中设置变量——儿童自身对违规行为的道德评价。假如儿童能给出与成人相似的道德评价，则我们认为儿童已经具备了产生内疚情绪的认知技能。但加入了儿童自己对违规行为的道德评价是否会影响儿童对内疚情绪的理解？为此，我们在实验中还设计了另一组被试，这组儿童不对违规行为进行道德评价。此外，内疚是由于个体意识到了自己的违规行为，而在儿童阶段，违规行为主要表现在身体侵犯和说谎两个方面，因此，在我们的实验中，我们将违规行为分为两类,一类为身体伤害,另一类为说谎。

根据皮亚杰的儿童道德认知发展阶段理论,5 岁儿童处于道德认知的“自我中心”阶段,从 7 岁开始,儿童的道德认知处于“他律”阶段,从 9 岁开始走向“自律”,因此本研究以 5～9 岁儿童为研究对象,探讨该年龄阶段儿童是否具备内疚情绪产生的内在认知技能?明确的道德评价是否影响其内疚情绪理解?

二、研究方法

(一)被试

本研究被试为 5 岁、7 岁、9 岁儿童,均来自杭州某幼儿园和某小学,5 岁组 29 人,平均年龄为 5.03 岁;7 岁组 28 人,平均年龄为 6.97 岁;9 岁组 30 人,平均年龄为 9.05 岁。共 87 名被试参加本实验,所有被试均在各学校随机抽取,其中男生 44 人,女生 43 人。

(二)研究材料

指导语:“下面我要给你讲四个故事,在我讲故事的时候,你要仔细地听,讲完每个故事以后,我会问你几个小问题,你怎么想就怎么说,好吗?”在得到被试肯定回答的情况下进行实验。

研究所用的实验材料是 1 套自编故事,共有 4 个故事。4 个故事分成两类,一类为身体侵犯故事,另一类为说谎故事。每个故事都涉及两个人物间的对话并附图片以帮助儿童理解故事内容。其中两个故事如下:

课间活动的时候,明明看到小兰在拍皮球,明明也很想拍皮球,于是他走过去把小兰推倒在地,然后把她的皮球抢过来。

上活动课的时候,亮亮想玩积木,于是他去问小琴积木放在哪里,小琴知道积木放在什么地方,但是小琴自己也很想玩积木,于是她告诉亮亮说:“我不知道积木在哪里。”然后自己跑过去拿了积木。

根据研究目的，整个研究采用3(年龄：5岁、7岁、9岁)×2(故事类型：身体侵犯、说谎)×2(问题类型：有行为的道德评价、无行为的道德评价)的实验设计。年龄为被试间设计，问题类型和故事类型为被试内设计。实验设计如表6-1所示。

表6-1　实验设计

有行为的道德评价	身体侵犯：故事1 说谎：故事3
无行为的道德评价	身体侵犯：故事4 说谎：故事2

(三)研究程序

1. 预实验

由于考虑到儿童对内疚这样的书面用语不是很了解，而且根据内疚的含义，内疚是由于自身的行为而导致的一种消极的情绪体验。根据我们对三年级18名学生的调查发现，60%以上的儿童都认为内疚时会难过，因而在实验中采用难过来代替内疚，但由于难过比内疚的范围更广，比如身体受伤所引起的疼痛也会引发难过，所以我们进行了预实验，分别采用不会引发内疚的身体受伤故事和会引发内疚的侵犯行为故事。此外，还就内疚和难过这两个词向儿童提问，被试为5岁、7岁、9岁三个年龄段男女各一名。结果发现，只有9岁的儿童对内疚情绪已有所理解，他们认为侵犯行为会导致难过，而且这种难过是由于自己做错了事情所引起的，之后还会采取一定的弥补行为，这与内疚的定义比较吻合。另外，我们还发现即使9岁儿童已经能理解内疚，但他们在回答心理会产生什么感觉时，仍然会报告难过，这可能是因为内疚是书面用语，人们在交谈中很少使用，儿童即使能理解内疚，也不会在口语中表达出来。

因而在我们的实验中，内疚被定义为：为自己的行为、想法感到心理难过，随后会采取一定的弥补行为。根据这个定义，我们将内疚区分为三个层次:第一,感到心理难过;第二,为自己的行为、想法感到心理难过;第三,为自己的行为、想法感到心理难过,随后会采取一定的弥补行为。

2. 正式实验

实验采用临床访谈法,个别进行。主试逐个向每个被试讲述 4 个故事。第一个故事讲完后,先让被试理解评价量表的含义,然后问被试有关问题(所有故事),并记录回答内容。为了控制顺序效应,实验中,让半数被试接受安排好的故事顺序 1(故事 1—2—3—4),另半数被试则接受故事顺序 2(故事 4—3—2—1)。

评定量表:★★★表示很好,★★表示较好,★表示有一点好。○表示不好也不坏,×××表示很不好,××表示比较不好,×表示有一点不好。记分标准:很好为 3 分,比较好为 2 分,有一点好为 1 分,不好也不坏为 0 分,有一点不好为－1 分,比较不好为－2 分,很不好为－3 分。

● 要求被试回答的问题:

有评价故事的问题:

(1) 某某小朋友这样做好不好?(进行量表评定)

(2) 为什么?

(3) 某某小朋友当时心理是什么感觉?(如果被试不能回答,那么让其选择:难过/高兴)

(4) 为什么她/他会有这样的感觉?

(5) 接下来她/他会怎么做?

无评价故事的问题为上述问题的第(3)～(5)个。

三、结果分析

由于我们要求被试回答的问题中有几个问题是比较开放的,所以在进行结果分析之前,我们要先对这些回答进行编码。编码的程序为:首先请三个不熟悉本实验研究目的和研究程序的心理学专业的学生对被试的回答进行分类,通过他们的讨论区分出不同的类别,并列出不同类别的标准,然后再请两个心理学专业的学生根据这些分类标准对被试的回答进行编码，两人编码的一致性系数达到 0.975。

因为回答顺序、故事顺序已经在实验设计中加以平衡，所以在这里就不再讨论这些因素对实验结果的影响。

(一)儿童对不同类型违规行为的道德评价

我们就儿童对于不同类型违规行为的道德评价进行了分析（参数检验）（见表 6-2）。

表 6-2 不同年龄儿童对违规者违规行为的道德评定值

年龄组		故事 1（身体侵犯）	故事 3（说谎）	t
5 岁	M	−2.10	−2.03	−0.465
	SD	0.86	0.91	
7 岁	M	−2.46	−2.18	−2.121*
	SD	0.64	0.72	
9 岁	M	−2.63	−2.07	−4.264**
	SD	0.56	0.74	

* 在 0.05 水平上差异显著，** 在 0.01 水平上差异显著，以下同。

从表 6-2 我们可以发现，三个年龄组的儿童对违规行为都给出了消极评价，而且对于两种类型的违规行为，5 岁组儿童的评价没有显著性差异，而 7 岁组儿童的评价在 0.05 水平上差异显著，9 岁组儿童的评价在 0.01 水平上有着显著性差异，而且与说谎行为相比，7 岁组、9 岁组儿童都把身体侵犯行为评价得更消极。

我们对道德评价做了性别×年龄的两因素方差分析，结果发现，两种违规行为的道德评价不存在年龄和性别的交互作用[$F_{(2)}=0.327$，$p=0.722$（身体侵犯）；$F_{(2)}=0.716$，$p=0.492$（说谎）]。对两种违规行为的道德评价，都没有性别主效应[$F_{(1)}=0.295$，$p=0.589$（身体侵犯）；$F_{(1)}=1.391$，$p=0.242$（说谎）]。对于身体侵犯行为，存在年龄主效应（$F_{(2)}=4.083$，$p=0.02$），随着年龄的增长，儿童的评价越消极；而对于说谎行为，不存在年龄主效应($F_{(2)}=0.367$,$p=0.694$)。

除了将儿童对违规行为的道德评价进行分析外,我们还就儿童对这种评价的归因进行了非参数检验。对于儿童的回答采用前面所述的方法进行编码,一共分成5类,第一类为个性品质(如淘气、自私等),第二类为错误行为(如把他推倒、骗人等),第三类为行为后果(如小兰会摔倒、人家心理会难过的等),第四类为社会规则(如应该一起玩等),第五类为其他(不知道等),分析结果见表6-3。

表6-3 不同年龄儿童对违规行为道德评价的归因

年龄组	故事类型	个性品质/人	错误行为/人	行为后果/人	社会规则/人	其他/人	Z
5岁	故事1	4	20	2	2	1	0.583
	故事3	5	17	2	3	2	
7岁	故事1	2	19	3	4	0	0.959
	故事3	3	14	4	7	0	
9岁	故事1	0	15	1	14	0	1.783
	故事3	2	19	0	9	0	

从以上结果来看,三个年龄组的儿童对不同侵犯行为道德评价的归因都没有显著性差异,基本上都集中在错误行为这个类别上。三个年龄组的儿童都有50%是从违规者本身的错误行为这个角度对行为进行评价,但随着年龄的增长,尤其到了9岁,儿童从社会规则这个角度考虑的人数达到最多。此外,三个年龄组的儿童在不同的违规行为之间,对行为道德评价的归因都没有显著性差异,但三个年龄组儿童在身体侵犯行为的道德评价的归因上有显著的年龄差异($\chi^2=11.308$,$p=0.004$),9岁儿童有更多人是从社会规则这个角度考虑对违规者违规行为进行道德评价,已经达到了总人数的46.7%。

(四)儿童对内疚情绪第一层次的理解

1. 儿童对违规者的情绪推理

从表 6-4 我们可以发现,三个年龄组的儿童都有超过 60%的人认为故事人物对于自己的违规行为产生了高兴情绪,不管之前是否有对行为的道德评价。

表 6-4 不同年龄儿童对违规者情绪的推理

年龄组	情绪	故事 1	故事 2	故事 3	故事 4
5 岁组	高兴/%	68.97	79.31	75.86	72.41
	难过/%	31.03	20.69	24.14	27.59
7 岁组	高兴/%	67.86	75.00	60.71	67.86
	难过/%	32.14	25.00	39.29	32.14
9 岁组	高兴/%	66.67	83.33	80.00	63.33
	难过/%	33.33	16.67	20.00	36.67
χ^2		0.035	0.606	4.292	0.551

对不同故事类型,身体侵犯行为在有无道德评价的条件下对违规者的情绪推理没有显著性差异($Z=0.00$,$p=1.00$),说谎行为在有无道德评价的条件下也没有显著差异($Z=1.27$,$p=0.21>0.05$),而且对于两类故事,不同年龄组的儿童在有无道德评价的条件下都没有显著差异。此外,三个年龄组儿童在违规行为的不同违规程度(身体侵犯—说谎)之间都不存在显著性差异。此外,四个故事的情绪推理在年龄之间都不存在显著差异。但对于故事 1 和故事 4,随着年龄的增长,判断故事人物会难过的比例在逐渐上升,判断会高兴的比例不断下降,而对于故事 2 和故事 3,从 5 岁到 7 岁,判断故事人物会难过的比例有所上升,而到了 9 岁又开始下降,而且比例比 5 岁时还低。

2. 儿童对违规者的情绪归因

我们依据前面的分类方法,将儿童对违规行为的情绪归因分为 5 类。第一,行为动机(如他喜欢玩球、他想喝水等);第二,行为本身(如他推人、他说谎等);第三,行为的直接结果(他抢到了球、他喝了水等);第四,行为的预测结果(老师会批评的、小兰会哭的等);第五,其他(不知道等)。由于四个故事中儿童对违规行为的情绪归因表现出相似的发展趋势,因而我们将儿童对四个故事中违规者违规行为的情绪归因放在一起统计。

三个年龄组儿童的情绪归因基本上都集中在行为本身和行为的直接结果这两个类别上。三个年龄组在 0.05 水平上有显著性差异($\chi^2=8.953, p=0.011<0.05$)。从 5 岁到 7 岁,归因于行为本身的比例有所升高,而归因于行为直接结果的比例有所下降,而且 7 岁组归因于行为预测结果的比例在三个年龄组中达到最高,为 13.4%,从 7 岁到 9 岁,归因于行为本身的比例又有所下降,而归因于行为直接结果的比例开始上升,9 岁儿童在三个年龄组中达到最高。

3. 儿童对违规者后继行为的推理

依据前面的编码方法,我们对后继行为也进行了分类编码,一共分成 6 类。第一,继续自己的行为(继续拍球、继续做作业等);第二,想到别人(会想到小兰、一边做作业一边想小兰等);第三,采取弥补行为(道歉、扶起来、告诉她在哪里买书等);第四,受惩罚(会被老师批评等);第五,以后采取弥补行为(以后会改正等);第六,其他(不知道等)。结果见表 6-5。由于四个故事中儿童对违规行为的后继行为表现出相似的发展趋势,因而我们将儿童对四个故事中违规者违规行为的后继行为放在一起统计。

表 6-5 不同年龄儿童对违规者后继行为的推理

年龄组	继续自己的行为/%	想到别人/%	采取弥补行为/%	受惩罚/%	以后采取弥补行为/%	其他/%
5 岁组	63.8	7.8	17.2	0	0.9	10.3
7 岁组	59.8	0	29.5	4.5	1.8	4.5
9 岁组	39.2	2.5	47.5	9.2	1.7	0

表 6-5 的数据表明,儿童的后继行为都集中在第一类和第三类上。在继续自己的行为类别上,随年龄的增长,比例有所下降,尤其是从 7 岁到 9 岁,下降比例较多;而采取弥补行为,则随着年龄的增长,比例逐渐上升,9

岁组达到最高，为47.5%。

（五）儿童内疚第二层次、第三层次的推理

此外，为了更好地分析儿童内疚情绪的理解，根据我们给内疚情绪下的操作定义，我们将三个年龄阶段回答难过情绪并归因于行为本身（内疚第二层次的推理）、回答难过情绪归因于行为本身而随后又采取弥补行为（内疚第三层次的推理）的儿童进行分析，结果见图6-1所示。

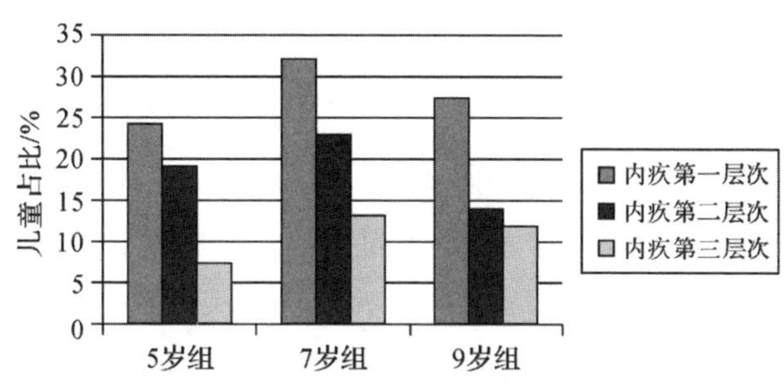

图6-1　不同年龄儿童内疚第一层次、第二层次、第三层次的推理

从图6-1中我们可以发现，三个年龄组儿童对内疚第一层次、第二层次、第三层次的推理，从5岁到7岁，理解的人数有所增加，而从7岁到9岁，人数又有所减少，但在三个年龄组之间均没有显著性差异（$\chi_1^2=1.90$，$p_1=0.39$；$\chi_2^2=3.12$，$p_2=0.21$；$\chi_3^2=1.96$，$p_3=0.38$）。

四、讨论

综合上述研究结果，三个年龄组的所有儿童都对违规行为做出了消极的道德评价，由此我们可以认为，即使是5岁儿童，也能根据一般的社会规则对违规行为做出成人式的道德评价，这个结果符合Kagan（1981）的观点，即儿童从2周岁左右开始就能根据某些社会规则对自己的行为及行为的结果进行评价。这个结果也表明了5岁儿童已经具备了Michael等人所认为的产生自我意识情绪包括内疚情绪在内所需的认知能力。而且儿

童对道德评价的归因分析也发现，随着年龄的增长，从社会规则角度进行评价的比例在不断上升，这又从另一个侧面反映了儿童随着年龄的增长，对社会规则的内化程度在不断加深。

对于不同的侵犯行为，是否加入口头的道德评价对三个年龄组儿童推理违规者的内疚情绪都没有影响，这也表明了儿童确实已经具备稳定的认知能力，能够产生自我意识情绪，但儿童有无对违规行为的道德评价以及道德评价的高低是否会影响他们对道德情绪的理解？这有待于进一步的研究。

从表 6-4 我们不难发现，三个年龄组的儿童评定故事人物会难过的比例都比较低，最高也只达到 39.29%。我国研究人员的一些研究结果表明儿童自 4 岁起，判断损人者“不高兴”的比例就占半数以上（顾海根，等，1992），这可能是“不高兴”与“难过”之间还有一些差距，不高兴的程度要低于难过。从这个实验结果我们可以认为，即使是到了 9 岁，大部分儿童虽然把违规行为评价为消极，但不会认为违规者当时会因为自己做错了而感到难过。这可能是儿童在这个年龄阶段已经具备了 Michael 等认为的产生内疚情绪所需要的认知能力，但并不代表他们就会在情绪的推理中使用这些认知能力，具备能力跟使用这种能力之间还需要一定的时间，而且对情绪的推理相对于对行为的道德评价，可能需要更复杂的认知能力。

根据内疚的操作定义，个体为自己所做的事情感到难过、后悔、自责，随后会采取弥补行为，我们对儿童对内疚三个层次的理解特点进行分析，结果发现，对内疚三个层次的推理都不存在年龄差异。9 岁与 7 岁儿童相比，理解内疚第二层次、第三层次的人数反而减少了，9 岁儿童对内疚情绪的理解似乎后退了，这可能是该年龄阶段的儿童正处于青少年前期，对权威的评价产生了质疑，以此来展示自己的成长，而自身还没有形成稳定的评价体系，因而在道德认识、道德情绪方面可能会有一个倒退的现象。

但从总体来看，即使儿童到了 9 岁，他们仍然不能很好地理解内疚，这是由于 9 岁的儿童确实还不能理解内疚情绪，还是本研究采用的故事情景相对于小学儿童而言稍显幼稚，不能有效诱发他们的内疚情绪？

五、结论

这个实验采用自编故事，用临床访谈法考察儿童是否具备内疚情绪产生的内在认知技能，并探究其对儿童内疚情绪理解的影响，研究结果发现：

(1)5～9岁儿童对违规行为都给出了消极的道德评价，他们已经具备了产生内疚情绪的认知能力，但尚不能进行道德情感推理，即不认为违规者会产生内疚情绪。

(2)三个年龄段的大部分儿童对于内疚情绪还不能很好地理解，他们更多地是从行为产生有利于违规者的结果来理解违规者的情绪。

第三节　实验2：儿童内疚情绪理解的发展特点研究

一、引言

实验1中发现9岁儿童相比于7岁儿童，其内疚情绪理解能力反而更低，这似乎与儿童的情绪理解能力发展规律并不相符，是否是故事情景导致该结果的出现？为了能更好地考察儿童内疚情绪的发展，选择哪一种情景来引发儿童的内疚情绪就显得尤为重要。综观目前有关内疚的研究，似乎还没有较为一致的看法。

Hoffman(1975)曾设计过一种半投射故事，主要采用两种类型的投射故事，一种是在某种竞争性比赛中作弊赢得成功；另一种是在路上遇到迷路需要帮助的小孩，但没有提供帮助。第一类故事测量的是因为欺骗行为而导致的内疚，而后一类故事测量的是Hoffman(1998,2000)提出的因为自己的不作为而产生的内疚或作为旁观者而产生的内疚体验。在内疚甚至是自我意识情绪的研究中应用最为广泛的是Tangney和Dearing(2002)编制的青少年自我意识情感反应问卷(Test of Self-conscious

Affect, TOSCA),这个问卷也是采用具体的情景来引发被试的内疚情绪,他们所用的情景主要还是涉及侵犯行为,比如“我打球的时候,将球打到了朋友的脸上”。Antony 等(2007)也采用侵犯行为情景引发内疚情绪,如“Peter 用存了很久的钱,买了一辆二手汽车,但是汽车在行驶过程中撞倒了一个小男孩,小男孩伤得很严重,在医院住了一年半”。这些情景虽然测量的是侵犯行为引发的内疚情绪,但是无目的的侵犯。

Marcel 和 Seger(2008)采用无目的的过失测量成人的内疚情绪,如“你骑了妈妈的自行车去商店买东西,但因为太过于匆忙,到了商店却忘了锁车,5 分钟后,你从商店出来,自行车已经被偷了”。Grazyna(2009)通过“让儿童认为自己破坏了一个别人有价值的物品”来考察儿童的内疚情绪。David 等人(2007)采用种族偏见的情景,让那些自认为遵循平等主义、无种族偏见的美国白人意识到自己的观念中确实存在种族偏见,从而引发他们的内疚情绪,然后让他们评价自己当时的情绪状态。Rupert(2008)探讨了智利人对种族偏见的情绪反应,他们让智利人对其祖先在历史上对其他种族的人所犯的错误进行评价,尤其是自己作为后人对这种行为所引起的情绪进行评价,这是对集体内疚情绪的研究。

综合以上研究我们发现,研究者用于引发内疚的情景大致可以分成以下四个类别:第一类是在竞争中作弊;第二类是侵犯行为(有目的的侵犯和无目的的侵犯);第三类是不作为(如在应该帮助他人时没有提供帮助);第四类是种族歧视(包括自己的种族歧视和祖先的种族歧视行为)。

这些引发内疚情绪的情景多数是针对成人的,只有少数研究儿童的内疚情绪,如我们要研究儿童的内疚情绪,这些情景是否适合?有研究者曾分析了东西方文化背景下个体对内疚的认识,他们发现在两种不同的文化中个体对内疚的描述有所不同,个体对内疚体验的偏好并不相同,而且内疚的类型也各不相同,内疚与道德的联系在不同的文化中也有差异(Olwen, et al.,2003)。很显然,在西方文化中采用的引发内疚情绪的情景是不适合中国的文化背景的。在中国的文化背景下,什么样的情景更容易引发小学儿童的内疚情绪？儿童在不同的年龄阶段对内疚的理解有着怎样的发展特点？这些问题都值得我们进行深入的探讨。

二、预实验:诱发小学儿童内疚情绪的情景

(一)实验目的

为了能更好地考察小学儿童内疚情绪理解的发展特点,找到更为适合研究中国儿童内疚情绪的情景,我们先通过一个预实验以获得正式实验中所需的实验情景。

内疚是一种高级情绪,而且是书面用语,平时在口语中不常用,考虑到小学儿童对这样的书面用语不是很理解,我们选择与小学儿童有密切接触、最了解小学儿童的父母和老师作为研究对象。

(二)研究方法

1. 被试

本研究的调查分两次进行,总共选取了 110 名小学老师和 290 名家长作为我们的调查对象。其中第一次调查中有 30 名小学老师和 30 名家长参与,第一次调查中 60 名被试的调查结果均为有效结果。第二次调查有 80 名小学老师与 260 名家长参与,其中有效问卷为小学老师 69 名,小学儿童家长 248 名。

2. 研究程序

第一次调查中请小学儿童的家长与老师列举他们平时与孩子相处过程中,孩子可能会产生内疚情绪的情景,越多越好,越有代表性越好。

根据第一次调查中所得的小学儿童内疚情绪产生的情景,整理成一份问卷,然后请除这 60 名被试以外的小学儿童的家长和老师根据自己平时对小学儿童的观察,对小学儿童可能产生内疚情绪的情景进行 5 点量表的评分,其中 5 为非常会,4 为比较会,3 为一般,2 为比较不会,1 为非常不会。

3. 结果分析

通过第一次调查，请小学儿童的老师和家长列举平时生活中可能引发小学儿童内疚情绪的情景，经过整理后共获得 34 种情景，见表 6-6。

表 6-6　可能引发小学儿童内疚情绪的情景

1. 打碎装饰教室的花盆。
2. 带小妹妹出门玩，结果妹妹受伤了。
3. 自己没交作业，但骗老师说没带。
4. 不小心弄破大人的书。
5. 偷偷翻看老师的东西被发现。
6. 拒绝吃饭，被父母批评。
7. 在与同学玩游戏时，玩过头，把别人弄疼了。
8. 因为自己的错误让自己的小组得分过低(如运动会成绩不好)。
9. 因为发脾气，打破了碗。
10. 量体温时，打破了水银体温计。
11. 课堂上提问，没回答出来，或回答错了。
12. 帮妈妈洗碗时，把碗打破了。
13. 大人身体不好时。
14. 向老师保证要做到某件事，但最后没做到。
15. 代表班级参加竞赛，但自己表现不够出色而没有获奖。
16. 考试成绩没有达到自己(或是父母)的目标。
17. 在学校表现不好，被老师批评。
18. 父母为了自己的事情吵架。
19. 没经父母同意就吃糖。
20. 作业没有按时完成。
21. 爸爸带自己去学画画，路上不慎发生碰撞，爸爸的手指被划破了。
22. 在公园玩，跟别的小朋友抢玩具，别的小朋友因为没抢到而大哭。
23. 口音中有方言，老师和同学帮忙纠正，但依然没有改过来。
24. 因为粗心做错题，家长不开心。
25. 玩得忘了回家，发现父母很担心。
26. 抢东西吃。
27. 因为呕吐，弄脏了一身，同学嘲笑，老师帮忙打扫。
28. 不小心把自行车钥匙弄丢了。
29. 把水壶弄坏了。
30. 偷偷向外公要钱，但事后发现外公很节省。
31. 偷偷从妈妈的钱包里拿钱跟小伙伴一起买了一个大玩具车。

续表

32. 作业没完成就玩电脑，被妈妈发现。
33. 跟父母吵架后。
34. 用父母给的零花钱买了一堆不实用的东西。

在第二次调查中，被试对这34个情景是否最能引发小学儿童的内疚情绪进行了5点量表的评分，根据评分结果，我们将这34个情景分为三类：第一类为平均数显著大于3的，这是最有可能引发小学儿童内疚情绪的情景；第二类为平均数显著小于3的，这类为最不可能引发小学儿童内疚情绪的情景；第三类为中间状态的。因为在正式实验中我们希望采用的是最有可能引发小学儿童内疚情绪的情景，所以我们将第一类的情景罗列出来，结果见表6-7。

表6-7　最有可能引发小学儿童内疚情绪的情景

情　景	*M*	*SD*	*df*	*t*
1. 打碎装饰教室的花盆。	3.23	1.59	313	2.52*
2. 带小妹妹出门玩，结果妹妹受伤了。	3.26	1.50	314	3.08**
7. 在与同学玩游戏时，玩过头，把别人弄疼了。	3.17	1.35	315	2.21*
8. 因为自己的错误让自己的小组得分过低（如运动会成绩不好）。	3.44	1.39	311	5.56**
14. 向老师保证要做到某件事，但最后没做到。	3.28	1.33	311	3.76**
15. 代表班级参加竞赛，但自己表现不够出色而没有获奖。	3.48	1.26	305	6.73**
16. 考试成绩没有达到自己（或是父母）的目标。	3.46	1.11	313	7.32**
17. 在学校表现不好，被老师批评。	3.51	1.20	311	7.50**
18. 父母为了自己的事情吵架。	3.19	1.30	315	2.65**
20. 作业没有按时完成。	3.17	1.41	314	2.15**
27. 因为呕吐，弄脏了一身，同学嘲笑，但老师帮忙打扫。	3.23	1.37	305	2.97**

从表6-7中可以发现，家长和老师认为最有可能引发小学儿童内疚情绪的情景多数是在学校情景中，总体来看，大致可以分为两类：学业情景和人际交往情景，因而在正式实验中，我们以这两类情景为依据，编制引发小

学儿童内疚情绪的故事情景。

三、实验2:儿童内疚情绪理解的发展特点

(一)引言

从发展的角度推测,儿童对内疚的理解能力要明显落后于对初级情绪的理解。实验1的结果表明,儿童即使到了9岁仍然不能很好地理解内疚情绪。但在该研究中,主要采用的是人际交往情景,且前期也没有做过任何的调查。有研究指出,在不同的情景中,儿童会表现出不同的情绪归因的发展趋势(潘发达,2005),因而我们假设儿童在不同的情景中也会表现出对内疚不同的理解能力。在本研究中,我们选择小学儿童作为研究对象,根据预实验调查访谈得到的最有可能引发小学儿童内疚情绪的情景,编制情景故事,以考察小学儿童内疚情绪理解能力的发展特点。

(二)研究方法

1. 被试

从杭州市两个小学任意选取一年级、三年级和五年级学生83名,其中一年级为22名($M=7.70$,$SD=0.52$),男生14名,女生8名;三年级31名($M=9.20$,$SD=0.34$),男生17名,女生14名;五年级30名($M=11.57$,$SD=0.50$),男生19名,女生11名。

2. 研究材料

实验采用临床访谈法,以预实验调查所得的情景为依据,自编了4个故事情景,其中一个情景如下:

在运动会上,林林参加了4×100米接力赛,他与班里的其他3位同学代表班级参赛,林林跑第二棒。在比赛时,林林东张西望地找人,所以在接棒的时候没接住,因为这个原因,他们班得了最后一名。

实验1主要探讨的是人际交往背景下儿童对违规行为内疚情绪理解

能力的发展，而本预研究表明，小学儿童产生内疚情绪的情景主要涉及学业情景和人际交往情景，因而本研究设计两类情景（人际交往情景、学业情景）。

根据研究目的，整个研究采用2（情景类型：人际交往情景、学业情景）×3（年龄：一年级、三年级、五年级）的研究设计，其中情景类型为被试内设计，年龄为被试间设计。

3. 研究程序

实验主要采用临床访谈法，个别施测，主试逐个给每位被试讲述4个故事，请被试回答相关问题（所有故事情景），并记录回答内容。为了控制顺序效应，实验前随机安排故事的呈现顺序。在实验中，让一半被试接受安排好的故事顺序1（1—2—3—4），另一半被试接受故事顺序2（4—3—2—1），具体问题如下：

（1）某某同学当时心里是什么感觉？

（2）为什么他/她会有这样的感觉？

（3）接下来他/她会怎么做？

（三）结果分析

因为要求被试回答的问题相对比较开放，所以在对结果进行分析之前，我们先对被试的回答进行专业的编码。两人的编码的一致性系数达到0.983，最后请两人就彼此不一致的编码进行讨论，达成一致的意见。

因为在实验实施过程中，我们已经对故事情景的顺序加以平衡，所以在这里就不再讨论该因素对实验结果的影响。

1. 小学儿童对内疚第一层次的理解

（1）不同年级儿童对故事情景中行为发出者的情绪推理

对不同年级儿童的情绪推理进行非参数检验，结果见表6-8。

表 6-8 不同年级儿童对行为发出者的情绪推理

年级	情绪推理	人际交往情景/%	学业情景/%	Z
一年级	害怕	22.73	13.64	1.39
	难过	70.45	79.55	
	后悔、内疚	6.82	2.28	
	其他	0	4.53	
三年级	害怕	32.26	3.23	4.34**
	难过	22.58	30.65	
	后悔、内疚	33.87	61.29	
	其他	11.29	4.83	
五年级	害怕	23.33	3.33	3.31**
	难过	20.00	36.67	
	后悔、内疚	48.33	51.67	
	其他	8.34	8.33	

根据上面我们给出的内疚的操作定义，内疚的第一层次是感到心里难过、后悔或内疚，因而在数据分析时，我们将报告难过和后悔、内疚的被试数据合并。

从表 6-8 的结果可以看出，随着年龄的增长，在人际交往情景中，报告行为发出者会难过、后悔或内疚的比例从一年级到三年级有个下降的趋势，但到了五年级则又有上升的趋势，年级之间并没有显著差异（$\chi^2=4.58$，$p=0.10$），这似乎表明在人际交往情景中，儿童从一年级到五年级，他们对内疚情绪的理解能力并无显著的变化。在学业情景中，报告行为发出者会难过、后悔或内疚的比例也是逐渐增多，且三个年级之间存在显著差异（$\chi^2=36.45$，$p=0.00$）。两两比较后发现，一年级与三年级儿童之间存在显著差异（$Z=5.63$，$p=0.00$），一年级与五年级儿童之间存在显著差异（$Z=5.17$，$p=0.00$），而且从数据上看，三年级和五年级有更多的儿童理解了内疚的第一层次。这表明，在学业情景中，随着儿童年龄的增长，他们对内疚第一层次的理解能力不断提高。在两类情景中，儿童对行为发出者的情绪推理进行比较后发现，两类情景之间存在显著差异（$Z=4.54$，$p=0.00$）。相对于人际交往情景，在学业情景中，有更多的儿童理解内疚的第一层次，且三年级和五年级儿童在两类情景中对行为发出者的情绪推理均存在显著性差异。从数据上可以看出，在学业情景中，学生对内疚第一层次的理解能力更好。

内疚是书面用语，很多儿童在报告内疚时经常会用难过这种词汇来代替，但报告行为发出者会难过并不意味着被试已经能很好地理解内疚情绪，因为一些小学儿童之所以报告难过，可能是因为当时产生了一些消极的结果（如在比赛中得了最后一名）。所以我们需进一步分析被试对行为发出者的情绪归因以及对后继行为的推理，从而更好地分析小学儿童对内疚情绪理解的发展特点。

（2）不同年级儿童对行为发出者的情绪归因

根据以往有关情绪的研究中采用的情绪归因类别（Wiersma，et al.，2000；Arsenio，et al.，1992；Lourenco，1997），将情绪归因分为以下六个类别：①结果定向——从行为结果方面进行归因，如“没有得到第一名”；②道德定向——从行为者对道德准则的坚持或者偏离方面进行归因，如“不应该撞倒同学”；③奖惩定向——从行为者可能存在的外部惩罚方面进行归因，如“老师看到会批评他的”；④责任定向——从行为者应承担的责任方面进行归因，如“是他自己没有用心准备，表现太差”；⑤移情定向——从行为者对受害者的关心方面进行归因，如“他不想让大家难过”；⑥无效回答——“不知道”或者是跟问题无关的回答。因为被试的情绪归因主要集中于前四类，所以本研究的情绪归因分析只集中于前四类数据，结果见表6-9。

表 6-9　不同年级儿童对行为发出者的情绪归因

年级	情绪归因	人际交往情景/%	学业情景/%	Z
一年级	结果定向	18.18	47.67	1.07
	奖惩定向	27.27	18.18	
	道德定向	25.00	0	
	责任定向	2.27	31.82	
三年级	结果定向	22.58	11.29	6.84**
	奖惩定向	32.26	6.45	
	道德定向	24.19	0	
	责任定向	11.29	80.65	
五年级	结果定向	18.33	1.67	7.08**
	奖惩定向	28.33	5.00	
	道德定向	23.33	1.67	
	责任定向	23.33	90.00	

从表 6-9 所示数据可以发现，在人际交往情景中，不同年级的学生在情绪归因方面没有显著性差异（$\chi^2=1.41$，$p=0.50$），而且能从责任定向方面去推理情绪的人数也较少，即使到了五年级也只有 23.3%。而学业情景则有所不同，随年龄的增长，能从责任定向方面去推理情绪的人数逐渐增多，到了五年级，有 90% 的学生情绪归因是指向责任定向的，而且不同年级的学生之间在情绪归因方面也存在显著性差异（$\chi^2=44.36$，$p=0.00$）。从数据上看，三年级和五年级的学生明显有更多人是从责任定向这个角度进行情绪归因的。在两种情景之间，小学生的情绪归因也存在显著性差异（$Z=5.27$，$p=0.00$），在学业情景中，有更多学生的情绪归因是指向责任定向的。

（3）不同年级儿童对行为发出者后继行为的推理

根据前面的编码方式，本研究中将小学儿童对后继行为的推理分为以下三个类别：①逃避或负性行为——个体在消极后果发生以后采取逃避行为或者继续采取不恰当的行为，如“他会逃跑”；②弥补或纠正行为——个体在消极后果发生以后采取弥补性行为，或是纠正自己不恰当的行为，如“向苗苗道歉”“努力准备比赛”；③无效回答，如“不知道”或者是与问题无关的回答。由于被试对后继行为的推理主要集中于前两个类别，所以本研究只分析这两类后继行为推理的数据。

大多数小学儿童都认为行为发出者会采取弥补或改正的行为，每个年级均在70%以上。而且在两类不同的情景中，不同年级的学生在后继行为的推理方面都没有显著性差异（$\chi^2=3.95$，$p=0.14$；$\chi^2=5.66$，$p=0.06$）。在两类不同的情景之间，被试对行为发出者后继行为的推理也都没有显著性差异。

2. 小学儿童对内疚第二层次的理解

根据内疚第二层次的操作定义，本研究将小学生对行为发出者的情绪推理与情绪归因数据结合起来进行分析，如果被试从责任定向角度推理行为发出者会难过、后悔或内疚，那么表明他们能理解内疚的第二层次，统计结果见图6-2。

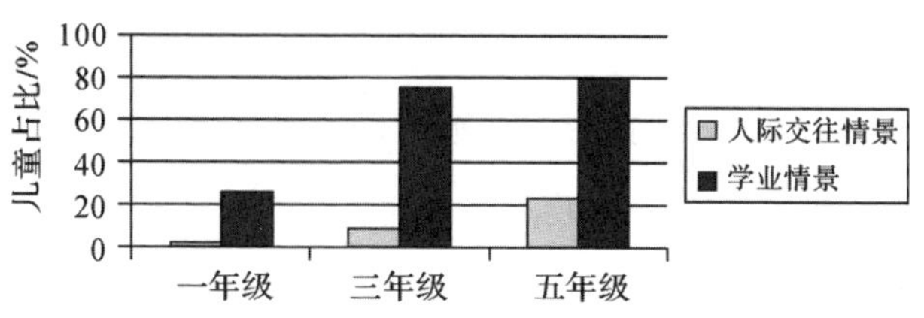

图6-2　不同年级儿童对内疚第二层次的理解

图6-2中纵坐标的百分数表示能理解内疚第二层次的人数百分比。从图6-2中可以发现，随年龄增长，能理解内疚第二层次的人数逐渐增加，采用非参数的秩和检验方法(Kruskal-Wallis H)对以上数据进行分析后发现，在人际交往情景中，小学儿童对内疚第二层次的理解存在显著的年级差异（$\chi^2=10.92$，$p=0.00$）；在学业情景中，小学儿童对内疚第二层次的理解在不同的年级之间存在显著差异（$\chi^2=36.15$，$p=0.00$），而且小学儿童

在两类不同情景中对内疚情绪的理解能力也有显著性差异($Z=9.00$，$p=0.00$)，从图中可以明显看出，在学业情景中，小学儿童表现出对内疚第二层次的理解能力显著高于人际交往情景。

3. 小学儿童对内疚第三层次的理解

根据内疚第三层次的操作定义，本研究将小学儿童对行为发出者的情绪推理、情绪归因与后继行为的推理数据结合起来进行分析，如果小学儿童能从责任定向角度推理行为发出者会难过、后悔或内疚，且随后会采取弥补或改正行为，那么表明他们能理解内疚的第三层次，统计结果见图6-3。

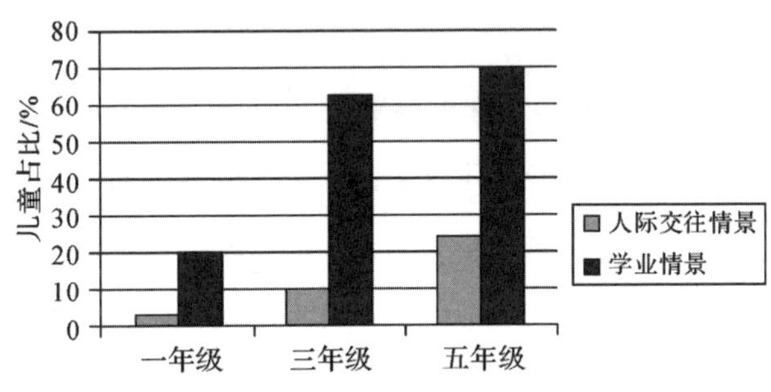

图 6-3　不同年级儿童对内疚第三层次的理解

图 6-3 中纵坐标的百分数表示能理解内疚第三层次的人数百分比。图 6-3 显示不同年级儿童对内疚第三层次的理解表现出与其第二层次的理解相似的发展趋势，并随年龄的增长，他们对内疚第三层次的理解能力逐渐提高。用非参数的秩和检验方法(Kruskal-Wallis H)对数据进行分析发现，在人际交往情景与学业情景中，不同年级儿童对内疚第三层次的理解均存在显著差异，分别为 $\chi^2=10.92$，$p=0.00$ 和 $\chi^2=27.94$，$p=0.00$。小学儿童在两类不同情景之间的内疚情绪理解能力也有显著差异($Z=7.76$，$p=0.00$)，且在学业情景中，小学儿童表现出对内疚第三层次的理解能力显著高于人际交往情景。

4. 小学生内疚情绪理解能力的发展趋势

为了能更好地了解小学儿童内疚情绪理解能力的发展趋势，根据他们对内疚第一层次、第二层次和第三层次的理解情况，本研究将只能理解内疚第一层次但不能理解内疚第二层和第三层次的记为 0 分，能理解内疚第二层次但不能理解内疚第三层次的记为 1 分，能理解内疚第三层次的记为 2 分。不同年级儿童内疚情绪理解能力的平均数与标准差见表 6-10。

表 6-10　内疚情绪理解能力的平均数与标准差

年级	人际交往情景		学业情景	
	M	*SD*	*M*	*SD*
一年级	0.05	0.30	0.48	0.82
三年级	0.19	0.60	1.39	0.86
五年级	0.47	0.85	1.50	0.81

对小学儿童在内疚情绪理解故事中的得分进行 3(年龄)×2(情景类型)的两因素方差分析，结果分析见表 6-11。

表 6-11　儿童内疚情绪理解能力的两因素方差分析

	平方和	*df*	均方	*F*
年级	27.45	2	13.72	24.69**
情景类型	63.65	1	63.65	114.52**
年级×情景类型	7.93	2	3.97	7.14**

从表 6-11 可以看出，年级和情景类型的主效应均非常显著，年级与情景类型的交互作用显著，这说明不同情景中，小学儿童内疚情绪理解能力的发展趋势有所不同。进一步事后分析(LSD)，结果发现，人际交往情景中，一年级与三年级学生之间的内疚理解能力差异不大($p=0.25$)，而五年级与一、三年级学生的内疚理解能力差异显著($p=0.00$，$p=0.02$)；在学业情景中，三年级与五年级学生的内疚理解能力差异不大($p=0.45$)，这两个年级的学生与一年级学生的内疚理解能力差异显著($p=0.00$，$p=0.00$)。这说明在人际交往情景中，小学生的内疚理解能力发展较快的时

期是三年级到五年级，但这个情景中，小学生总体的内疚理解能力水平不高；而在学业情景中，小学生的内疚理解能力快速发展的时期是一年级到三年级，且在学业情景中，小学生的内疚理解能力显著好于其在人际交往情景中的表现。

(四)讨论

从上面的结果来看，老师和家长认为小学儿童可能产生内疚情绪的34个情景中有14个是与学校的老师及学习有关，占了41.2%，这与国外内疚研究中所采用的情景有很大的差异，这可能是因为本研究的被试虽然是教师和家长，但让他们评价的是小学儿童。对于小学儿童来说，平时生活中最主要的活动是学习，因而大多数的情景都与学习有关，这从某个侧面反映在中国文化下，与小学生情绪相关的重要活动是学习。而国外内疚情绪研究的被试大多数是成人和大学生，生活经历更为丰富，因此在引发内疚情绪的情景方面会有所不同。在国外内疚情绪的研究中较多地会采用种族歧视来考察白人的内疚情绪（Amodio, et al., 2007；Hoffman, 1975, 1998；Tangney, 2002；Kochanska, et al., 2002；Rupert, et al., 2008），这可能跟西方特有的文化有关。但在国内，基本上没有种族歧视现象，而且东西两种不同的文化对内疚内涵的确定也有所不同（Olwen, et al., 2003）。内疚作为人类的高级情绪，具有很强的文化依赖性，尤其是在具体文化中产生的标准、规则和目标在内疚情绪的发展中显得尤为重要。这可能是造成不同文化中引发个体内疚情绪的情景有所不同的原因之一。该调查结果也支持了有关自我意识情绪的产生和发展与文化背景有较高相关的观点（Eid, et al., 2001；Kitayama, et al., 1995；Menon, et al., 1994）。

不管是人际交往情景还是学业情景，三个年级的学生都有50%的人能理解内疚的第一层次，该结果似乎与实验1的研究结果并不完全一致，实验1的结果是儿童即使到了9岁也不能很好地理解内疚的第一层次。

导致两个研究结果不同的原因可能是两个研究中采用的情景不同，实验1中采用的情景是行为发出者最后得到积极结果，即行为发出者的愿望得到了满足(如想玩球，最后得到了球)；但本研究的情景中，行为发出者最后得到消极结果，行为发出者的愿望没有得到满足(如想得第一名，却没有得到)。从儿童情绪理解能力的发展角度来看，儿童对情景中行为的情绪推理是从基于愿望的情绪理解发展到基于信念的情绪理解(李佳，等，2004)，这就能解释为何两个研究探讨的是同样的内容，但结果却有所不同。已有的研究也发现，3岁是儿童获得基于愿望的情绪理解能力的关键年龄(Yuill，1984；Wellman，et al.，1990)，而为何在内疚情绪的研究中发现，即使小学儿童也未必能很好地理解内疚情绪？这可能是已有的儿童情绪理解的研究都是针对初级情绪，而内疚是高级情绪，是自我意识情绪。根据有关学者对初级情绪与自我意识情绪的差异分析，自我意识情绪从产生的角度来说就晚于初级情绪(Tracy，et al.，2004)，那么对内疚情绪的理解也自然要晚于对初级情绪的理解。

对不同年级儿童对行为发出者的情绪归因和后继行为的推理分析发现，一年级儿童的情绪归因指向道德定向和责任定向的比例较低，但随年龄的增长，从责任定向和道德定向推理情绪的人数逐渐增加，这个结果与已有的有关情绪归因(Yuill，1984；Yuill，et al.，1996；Lourenco，1997)的研究结果基本一致，年幼儿童(3～6岁)基本在情绪归因上以结果定向为主，而年长儿童(6～8岁)会倾向于考虑更多的个人责任和道德因素。在不同的情景中，小学儿童的情绪归因则有所不同，人际交往情景中，能真正从责任定向和道德定向推理情绪的人数较少，到了五年级也不足50%，这与实验1的结果相一致。同时也表明在人际交往情景中，大多数学生之所以认为行为发出者会产生难过、后悔等消极情绪，并不是为自己的不良行为而感到难过、后悔，而是因为行为所产生的消极结果，表明他们并没有真正理解内疚情绪。而学业情景则不同，随着年龄的增长，越来越多的儿童从责任定向角度进行情绪归因，到了五年级，该比例达到90%。这表明在学业情景中,小学生的情绪归因更为恰当。为何在两类情景中会出现不同的情绪归因?这可能是因为本研究采用的情景类型影响了小学儿童的情绪归因。潘发达(2005)就曾指出,在不同的情景中,儿童会表现出不同的情绪归因发展趋势,本研究中的人际交往情景属于犯过情景,而学业情景则属于自己不努力导致团体失利,这两类情景在多个方面存在较大的差异。人际交往情景中的消极后果是某个个体受损(比如身体受伤),而学业情景导致的是整个团体利益受损(比如班级得了最后一名),因而面对不同的消极结果,行为发出者所承受的人际压力不同,而且两类情景中的不良行为也不尽相同,前者是侵犯行为,后者是个人不努力。李正云等(1993)研究认为在犯过情景中,儿童的情绪归因在10岁以下均以结果定向占优势,该研究采用的犯过情景均为犯过者得到积极结果的情况下进行情绪归因,但这类情景并不能代表所有的犯过情景。陈璟等(2009)的研究就指出在反社会行为失败的情景中,六七岁的儿童就会整合意图与结果的冲突来进行情绪推理。本研究中采用的犯过情景是侵犯行为不得利以及过失犯错,情景类型与以上研究中采用的有所不同,这可能是导致本研究结果与以往结果不完全一致的主要原因。而学业情景中的情绪归因与徐琴美等(2004)的研究结果基本一致,他们的研究提出在学业失败情景中,7～11岁儿童倾向于自我归因,本研究中小学儿童的情绪归因主要指向自身的责任定向,尽管他们的研究中采用的是个人学业的失败,而本研究采用的是团体学业成绩失败的情况。这说明面对学业失败,不管是个体自身的还是其所处的团体的,小学儿童的情绪归因都比较稳定,均指向自身因素。就后继行为的推理来看,不管是年级之间,还是不同的情景之间,均不存在显著差异。从数据上看,一年级的大多数儿童均认为行为发出者会弥补和改正自己的不良行为,这与实验1结果不一致。这可能是因为在本研究中,最后行为都产生了消极结果,而这些消极结果并不是被试喜欢看到的,他们希望改变这种消极结果,自然也就认为行为发出者要改变行为以消除消极结果,而且弥补或改正行为比较符合社会文化的要求,可能存在社会赞许效应，因此只是从弥补和改正行为角度很难推测小学儿童是否已经完全理解了内疚情绪，需将其与情绪归因等联合起来进行分析，才能更好地了解小学儿童内疚情绪理解的真实情况。

在人际交往情景中，小学生对内疚情绪第二层次、第三层次的理解能力都较差，即使到了五年级仍不足 30%，这也与实验 1 结果相一致。而小学儿童在学业情景中的表现则有所不同，随年龄的增长，能理解内疚第二层次和第三层次的人数越来越多，到五年级，有 80%的小学儿童能理解内疚的第二层次，有 70%的小学儿童能理解内疚的第三层次。从数据上看，小学一年级到三年级是其理解内疚情绪能力快速发展的时期。Mascolo 和 Fischer(1995)曾就儿童内疚的发展进行过研究，他们提出 6～8 岁是儿童产生真正内疚感的关键时期，该时期的儿童会因为没有完成自己的责任而表现出内疚情绪，同时还会伴随补偿性行为，本研究中小学儿童在学业情景中的内疚情绪理解能力与该研究结果基本一致。

两类情景之间的比较发现，在学业情景中，小学生对内疚第二层次、第三层次的理解能力明显好于其在人际交往情景中的表现。这可能是因为小学生每日的主要活动就是学习，家长和老师都比较重视他们的学业成绩，进而使得小学儿童对学业成绩较为敏感。且当他们在学业失败后，如果能适时地表现出内疚情绪，则能得到老师和家长的谅解，从而使他们在学业情景中更好地理解内疚情绪。而且，内疚作为自我意识情绪的一种，其产生和发展与文化背景有着密切的关系(Eid, et al.,2001;Kitayama, et al.,1995;Menon, et al.,1994)。在中国文化中，父母和老师往往强调学习是学生自己的事情，在学业上的失败理应由学生自己负责。正是基于以上原因才使小学儿童在学业情景中的内疚理解能力有了很大的提高。当然，本研究采用的学业情景与人际情景中可能存在多个维度的不同。

以上分析表明，儿童对内疚情绪的理解能力在不同的情景中会有不同的表现。以往的研究关注的是儿童在人际交往情景中内疚理解能力的发展。但本研究的前期调查发现，在中国文化背景下，小学儿童最有可能产生内疚情绪的情景与学业有关，这决定了他们在学业情景中会表现出更高的内疚情绪理解能力。那是否可以假设，儿童内疚情绪的理解能力存在以下发展趋势：不能理解内疚情绪（任何情景均不能理解内疚情绪）——能理解内疚情绪，但不稳定（不同的情景中表现出不同的内疚理解能力）——能理解内疚情绪，且能力稳定（无论哪种情景均能较好地理解内疚情绪），一年级学生可能处于第一种水平，三年级和五年级学生可能处于第二种水平？

（五）结论

本研究通过调查和访谈教师和家长，获得诱发小学儿童内疚情绪的情景，并在此基础上考察小学儿童内疚情绪理解能力的发展特点，结论如下：

（1）相对于人际交往情景，小学儿童在学业情景中表现出更高的内疚情绪理解能力。

（2）在学业情景中，一年级到三年级是小学儿童内疚理解能力快速增长的时期。

第七章　人际因素对儿童内疚情绪理解的影响

第一节　问题的提出

根据人际交往的观点，个体内疚情绪的产生是为了维持良好的人际关系。在人际交往情景中，当个体的行为违反道德规则，就会产生内疚情绪，在这种情绪的驱动下，个体会做出弥补行为，从而修复因为个体的违规行为而对人际关系造成的伤害。当然，当个体预计到自己的行为可能会违反道德规则而对他人造成伤害，进而会遭受自己良心的谴责，造成内心的不安和内疚，个体就会约束自己的违规行为，从而保持良好的人际关系。

实验1的结果表明，即使5岁的儿童也能对违规行为作出合理的符合社会道德规范的道德评价，这说明该年龄阶段的儿童已经具备了产生内疚情绪的认知技能，然而到了9岁，儿童仍然没有表现出内疚情绪的理解能力，也就不会有弥补性行为来修复因为自己的违规行为而产生的人际矛盾，这似乎说明儿童的道德评价的发展与其道德情绪(内疚情绪)的发展并不一致。现实生活中也确实发现，有不少儿童一方面认识到自己的行为是错误的，但是却不会因为这种错误行为感到内疚和不安，也不会停止自己的错误行为。可见，道德认知的发展不能有效促进其道德行为的发展，在儿童道德教育中，可能诱发儿童适当的道德情绪(内疚情绪)，才能促进儿童恰当的道德行为的产生。这就有必要探究如何才能促进儿童道德情绪(内疚情绪)的发展?教师和家长该从何处入手引导儿童发展其道德情绪(内疚情绪)?

实验2的结果表明,小学儿童在人际交往情景中,内疚情绪理解能力较低,但在学业情景中,其内疚情绪理解能力较高。这似乎表明,儿童其实具备内疚情绪的理解能力,但在不同的情景中表现并不相同。学业在东方文化中历来被认为是儿童自己的事,需要自己对此负责,因此他们在学业失败的情景中,往往能清晰认识到自己的责任,引发内心的不安和内疚,试图改变学业的失败。学业是学龄儿童生活中最关注的内容,因此对学业的失败也最为敏感,同时适时表现出内疚情绪,还可以避免老师和家长的责罚。但在人际交往情景中,有时责任并不明晰,即使儿童意识到是自己的行为不当,但结果并不非常消极时,他们会产生侥幸心理,希望逃避责任,以避免让自己处于不利地位。因此,在人际交往情景中,如何引导儿童产生适当的内疚情绪便成为研究的内容之一。

第二节　实验3:教师评价和对方反应对儿童内疚情绪理解的促进作用

一、引言

5～9岁儿童正处于皮亚杰道德认知发展的“自我中心”到他律阶段,并开始走向自律,权威的评价会极大影响他们对事物的评价。在这个年龄阶段,教师无疑是他们生活中的权威人物,教师的评价有时会成为他们评价自己和他人的重要参照,因此在本研究中,试图在人际交往情景中,加入教师评价这个因素,探究其对儿童内疚情绪理解的促进作用。

在人际交往中,是否了解到自己的违规行为产生的消极后果往往会成为个体内疚情绪产生的重要因素。当个体产生了违规行为,但并不知道该违规行为造成的消极后果，则个体可能会产生侥幸心理，也许自己的违规行为并没有产生任何不良后果，也就减少自己的“良心”对自己的惩罚；但如果个体发现自己的违规行为造成了严重的后果，则必须正视自己的不当行为，并需为此负责，容易产生内疚情绪。因此，本研究中试图加入对方的反应，以探讨是否能唤起儿童的内疚情绪。

在违规行为中，身体伤害和说谎行为最为典型（Nunner-Winkler，1988），但相较于说谎行为，身体伤害行为最为明显和直观，且也能造成直接的不良后果。因此，本研究采用身体伤害作为违规行为情景对儿童的内疚情绪理解能力展开研究。

二、研究方法

（一）被试

本研究被试为5～9岁的儿童，5岁组29人，其中女生14人，男生15人，平均年龄为5.32岁；7岁组30人，其中女生15人，男生15人，平均年龄为7.42岁；9岁组30人，其中女生15人，男生15人，平均年龄为9.42岁。

（二）研究材料与设计

指导语：“下面我要给你讲三个故事，在我讲故事的时候，你要仔细地听，讲完每个故事以后，我会问你几个小问题，你怎么想就怎么说，好吗?”在得到被试肯定回答的情况下进行实验。

研究所用的实验材料是1套自编故事，共有3个故事，每个故事都附有图片以帮助儿童理解，下面是其中一个故事：

体育活动课上，梅梅和晓军正在操场上跑步，梅梅想让自己跑得比晓军快，于是她就事先在晓军的跑道上放了一块石头，晓军跑到放石头的地方，绊了一下，摔倒在了地上，这时候老师也看见了，就批评梅梅说：“梅梅，你这样做可不好。”

根据研究目的，整个研究采用3(年龄：5岁、7岁、9岁)×2(反应类型：有反应、无反应)×2(评价类型：有评价、无评价)的混合设计，其中年龄为被试间设计，反应类型和评价类型为被试内设计，为探讨教师评价和对方反应两个因素各自对儿童内疚情绪理解的影响，因此没有设置有教师评价有对方反应的故事情景。

(三)研究程序

实验采用临床交谈法，个别进行。主试逐个地向每个被试讲述3个故事，具体见表7-1。3个故事分别为无反应无评价故事、有评价无反应故事、无评价有反应故事，每个故事讲完后，问被试有关问题，并记录回答内容。为了控制次序效应，实验前随机安排故事的呈现次序，实验中，让半数被试接受安排好的故事顺序1(故事1—2—3)；另半数被试则接受故事顺序2(故事3—2—1)。要求被试回答的问题同实验1。

表7-1　实验设计

故事类型	变量
故事1	无评价无反应
故事2	有评价无反应
故事3	无评价有反应

三、结果分析

因为故事顺序、性别已经在实验设计中加以平衡，所以在这里就不再讨论这些因素对实验结果的影响。为了能对结果有更深入的分析，这里采用实验1中所采用的将内疚分成三个层次来分析。

(一)儿童对内疚第一层次的理解

1. 儿童对违规者情绪的推理

我们首先对不同年龄儿童对违规者所产生情绪的推理进行了统计，结果见表 7-2。

表 7-2　不同年龄儿童对内疚第一层次的理解

年龄组	情绪	故事 1	故事 2	故事 3
5 岁	高兴/人	18	11	15
	难过/人	11	18	14
7 岁	高兴/人	15	0	10
	难过/人	15	30	20
9 岁	高兴/人	20	0	6
	难过/人	10	30	24
χ^2(年龄之间)		1.82	25.68**	6.51*

由表 7-2 可知，不同年龄的儿童对于没有加入人际因素的故事 1 中违规者情绪的推理在年龄之间没有显著差异，而且更多的儿童都认为违规者会产生高兴的情绪，这个结果与实验 1 的研究结果相一致。但是在加入了教师评价(故事 2)后，儿童对违规者的情绪推理存在着显著的年龄差异，随着年龄的增长，推理违规者产生难过情绪的人数逐渐增多。加入对方反应(故事 3)后，儿童对违规者的情绪推理也存在着显著的年龄差异，随着年龄的增长，推理违规者产生难过情绪的人数也逐渐增多。

我们将不同年龄组的儿童对于故事 1(不加人际因素)和故事 3(加入对方反应)中违规者产生的情绪推理进行了比较，结果发现 5 岁组儿童对两个故事中违规者的情绪推理不存在显著差异($Z=1.134$，$p=0.257>0.05$)，而 7 岁组和 9 岁组则有显著差异，分别为($Z=2.236$，$p=0.025<0.05$)和($Z=3.742$，$p=0.000<0.01$)，可见对方反应这个人际因素会促进 7 岁和 9 岁组儿童对内疚第一层次的理解。此外，我们还将不同年龄儿

童对于故事1(不加人际因素)和故事2(加入教师评价)中违规者产生情绪的推理进行了比较,结果发现,三个年龄组的儿童对两个故事中违规者情绪的推理都存在显著性差异,分别是($Z=2.111, p=0.035<0.05$)、($Z=3.873, p=0.000<0.01$)和($Z=4.472, p=0.000<0.01$)。可见,教师评价这个人际因素会促进三个年龄组儿童对内疚第一层次的理解。

2. 儿童对违规者的情绪归因

根据实验1中的分类方法,我们将儿童对违规者的情绪归因分成了8类,分别是第一,行为动机(他喜欢玩球、他想喝水等);第二,行为本身(他推人、他抢球等);第三,行为的直接结果(他抢到了球等);第四,行为的预测结果(老师会批评的等);第五,教师评价(老师批评了等);第六,教师评价和行为本身(推人了以及老师批评了等);第七,自己能力及自己的财产(我会做、我有橡皮等);第八,其他(不知道等)。由于三个年龄阶段的儿童对违规者情绪的归因主要集中于上面所述的第二、第三、第五三个方面,因此我们只分析了这三个情绪归因的数据,结果见表7-3。

表7-3 不同年龄儿童对违规者情绪的归因

年龄组	情绪归因类型	故事1	故事2	故事3
5岁	行为本身/人	11	10	16
	行为的直接结果/人	14	4	3
	教师评价/人	0	9	0
7岁	行为本身/人	7	16	11
	行为的直接结果/人	15	0	10
	教师评价/人	0	9	0
9岁	行为本身/人	10	23	20
	行为的直接结果/人	20	0	5
	教师评价/人	0	6	0
χ^2(年龄之间)		0.086	0.015*	0.030*

从表 7-3 中，我们可以发现，在没有加入人际因素的故事 1 中，三个年龄组的儿童对违规者的情绪归因主要集中于行为的直接结果，这也与他们对违规者情绪的推理相对应，而在加入了人际因素的故事 2（教师评价）和故事 3（对方反应）中，不同年龄组的儿童对违规者的情绪归因则集中于行为本身，且儿童对故事 2 与故事 1 中违规者的情绪归因存在显著性差异（$Z=2.439, p=0.015<0.05$），而对故事 3 和故事 1 中违规者的情绪归因则不存在显著性差异（$Z=1.679, p=0.093>0.05$），教师评价能促进儿童对违规者的情绪归因，而对方反应则不影响儿童对违规者的情绪归因。

3. 儿童对违规者后继行为的推理

根据实验 1 中的分类方法，我们将儿童推测违规者的后继行为分成了 6 类，第一，继续自己的行为（继续拍球等）；第二，想到别人（会想到小兰、一边做作业一边想小兰等）；第三，采取弥补行为（道歉、扶起来、告诉她在哪里买书等）；第四，受惩罚（会被老师批评等）；第五，以后采取弥补行为（以后会改正等）；第六，其他（不知道等）。由于不同年龄儿童对违规者后继行为的推理主要集中于继续自己的行为和采取弥补行为两个方面，因此我们在对儿童推理违规者后继行为进行分析时，只分析了这两类数据，结果见表 7-4。

表 7-4 不同年龄儿童对违规者后继行为的推理

年龄组	后继行为类型	故事 1	故事 2	故事 3
5 岁	继续自己的行为/人	10	8	11
	采取弥补行为/人	14	13	14
7 岁	继续自己的行为/人	15	1	8
	采取弥补行为/人	13	24	18
9 岁	继续自己的行为/人	19	0	4
	采取弥补行为/人	11	30	26

从表 7-4 可以发现，在不加入人际因素的故事 1 中，儿童对违规者后继行为的推理主要集中于继续自己的行为，这个结果与他们对违规者的情

绪推理以及违规者的情绪归因相一致。而在加入了人际因素以后，儿童对违规者后继行为的推理则更多集中于采取弥补行为这个方面，可见人际因素对儿童推理违规者后继行为也会产生一定的促进作用。此外，我们进一步分析了人际因素的影响作用，结果发现，儿童在故事 1 和故事 2 中，对违规者后继行为的推理存在非常显著的差异（$Z=4.420, p=0.00<0.01$），在故事 1 和故事 3 中，他们对违规者后继行为的推理也存在显著性差异（$Z=3.154, p=0.002<0.01$），因而，我们可以认为人际因素确实会促进儿童对违规者后继行为的推理。

（二）儿童对内疚第二层次的理解

为了更好地了解不同年龄儿童对内疚第二层次的理解，我们将儿童对违规者的情绪推理及其归因联合起来进行分析，根据我们对内疚第二层次的解释，我们只分析儿童推理违规者产生难过、后悔、内疚情绪，同时将这种情绪归因于自己错误行为的数据，结果见表 7-5。

表 7-5　不同年龄儿童对内疚第二层次的理解

年龄组	故事 1/人	故事 2/人	故事 3/人
5 岁	7	7	13
7 岁	7	16	11
9 岁	10	23	19
χ^2（年龄之间）	0.926	16.159**	4.431

由表 7-5 数据，我们可以发现，没有加入人际因素（故事 1）时，不同年龄的儿童对违规者内疚第二层次的推理在年龄之间没有显著差异，但是在加入了教师评价这个人际因素后（故事 2），不同年龄的儿童对违规者内疚第二层次的推理存在显著的年龄差异，而且随着年龄的增长，越来越多的儿童能理解内疚的第二层次。加入对方反应（故事 3）后，不同年龄的儿童对违规者内疚第二层次的推理不存在年龄差异。

我们将不同年龄组的儿童对于故事 1(不加人际因素)和故事 3(加入对方反应)中违规者内疚第二层次的推理进行了比较,结果发现,儿童对两个故事中违规者内疚第二层次的推理存在显著性差异($Z=3.413$,$p=0.001<0.01$),其中 5 岁组儿童对两个故事中违规者内疚第二层次的推理存在显著性差异($Z=2.449$,$p=0.014<0.05$),7 岁组儿童对两个故事中违规者内疚第二层次的推理不存在显著性差异($Z=1.155$,$p=0.248>0.05$),9 岁组儿童对两个故事中违规者内疚第二层次的推理存在显著性差异($Z=2.496$,$p=0.013<0.05$);此外,不同年龄组的儿童对于故事 1(不加人际因素)和故事 2(加入教师评价)中违规者内疚第二层次的推理存在显著性差异($Z=3.773$,$p=0.000<0.01$),其中 5 岁组儿童对两个故事中违规者内疚第二层次的推理不存在显著性差异($Z=1.000$,$p=1.00>0.05$),而 7 岁组和 9 岁组儿童对两个故事违规者内疚第二层次的推理都存在显著性差异($Z=2.324$,$p=0.020<0.05$),($Z=3.606$,$p=0.000<0.01$)。可见,对方反应这个人际因素促进 5 岁和 9 岁儿童对内疚第二层次的理解,而教师评价则促进 7 岁和 9 岁儿童对内疚第二层次的理解。

(三)儿童对内疚第三层次的理解

根据我们对内疚第三层次的理解,我们将儿童对违规者的情绪推理、情绪归因以及后继行为联合起来分析,因为采取弥补行为和以后采取弥补行为都可以作为内疚的一个行为指标,所以我们将这两个类别的数据进行了相加,分析结果见表 7-6。

由表 7-6 我们可以发现,对于没有加入人际因素的故事 1,不同年龄阶段的儿童对内疚第三层次的理解没有显著性差异,而对加入了人际因素的故事 2 和故事 3,均存在年龄差异,都是随着年龄的增长,能正确理解内疚第三层次的人数越多。

儿童对于故事 1(不加人际因素)和故事 3(加入对方反应)中违规者内疚第三层次的推理存在显著性差异($Z=3.536$,$p=0.00<0.01$),其中,5

岁组儿童对两个故事中违规者内疚第三层次的推理存在显著性差异($Z=2.646, p=0.008<0.01$)，而7岁组儿童对两个故事中违规者内疚第三层次的推理不存在显著性差异($Z=1.155, p=0.248>0.05$)，9岁组儿童对两个故事中违规者内疚第三层次的推理存在显著性差异($Z=2.496, p=0.013<0.05$)。此外，儿童对于故事1(不加人际因素)和故事2(加入教师评价)中违规者内疚第三层次的推理存在显著性差异($Z=3.889, p=0.00<0.01$)，其中，5岁组儿童对两个故事中违规者内疚第三层次的推理不存在显著性差异($Z=0.00, p=1.00>0.05$)，而7岁组和9岁组儿童对两个故事中违规者内疚第三层次的推理均存在显著性差异($Z=2.324, p=0.020<0.05, Z=3.606, p=0.000<0.01$)。由此可见，对方反应和教师评价都能促进儿童对内疚第三层次的理解，其中，对方反应促进5岁和9岁组儿童对内疚第三层次的理解，而教师评价则促进7岁和9岁组儿童对内疚第三层次的理解。

表7-6　不同年龄儿童对内疚第三层次的理解

年龄组	故事1/人	故事2/人	故事3/人
5岁	3	3	10
7岁	7	16	11
9岁	10	23	19
χ^2(年龄之间)	4.442	26.411**	6.143*

四、讨论

综合上述研究结果，我们发现，对于没有加入人际因素的违规行为，三个年龄阶段的儿童对内疚的理解与实验1的研究结果基本一致，即在没有外界人际因素的影响下，儿童即使到了9岁，也不能很好理解内疚情绪。但是在加入了人际因素之后，即使是5岁儿童，他们对内疚第一层次的理解能力都有了很大的提高，尤其是在加入了教师评价这个因素之后。按照皮亚杰关于儿童道德认知的发展，5岁的儿童已经开始走向道德他律阶段，外界的评价尤其是教师这个权威人物的评价会极大地影响他们对道德行为的判断。对内疚这种道德情绪来说，可能权威的评价也促进他们对内疚情绪的理解。而对方的反应则没有促进 5 岁儿童对内疚第一层次的理解，但促进了 7 岁和 9 岁儿童对内疚第一层次的理解。根据人际交往的观点，个体内疚是为了维持良好的人际关系，而 5 岁的儿童正处于中班阶段，同伴相对已经比较熟悉，可能他们已能关注对方的反应，但不能很好地体现在对情绪的推理中。而 7 岁和 9 岁的儿童，由于其认知能力的发展，他们已经逐渐能够意识到自己的行为所造成的对方反应会影响到彼此的人际关系，这有助于他们对内疚这种道德情绪的理解。

而对不同年龄阶段的儿童对违规者的情绪归因以及后继行为推理的分析，我们发现，教师评价会促进儿童对违规者做出正确的情绪归因，在加入了教师评价这个因素之后，更多的儿童将违规者产生的难过情绪归因于其自己的违规行为，而对方反应则没有这种影响作用。这可能是教师的评价中直接指出了违规者的违规行为，因而容易成为儿童对违规者的情绪归因线索。相对来说，对方的反应比较隐秘，因而儿童在对违规者进行情绪归因时，其影响不是很明显。在对违规者后继行为的推理中，不管是教师评价还是对方的反应都起到了促进作用，而且在加入了这两个人际因素以后，有更多的儿童认为违规者会采取弥补行为。

在没有加入人际因素的故事中，对内疚第二、第三层次的理解，不同年龄的儿童都不存在年龄差异，这个结果与实验 1 的研究结果相一致，在没有人际因素的影响下，儿童似乎不能很好地表现出其对内疚的理解能力。而在加入人际因素后，教师评价促进了 7 岁和 9 岁儿童的理解能力，但对 5 岁儿童没有影响，这可能是对内疚第二、第三层次的理解，需要更高水平的认知能力，而这是 5 岁儿童所不具备的。对方反应则促进了 5 岁和 9 岁儿童对内疚第二、第三层次的理解，但对 7 岁儿童在理解内疚第二、第三层次时却没有影响作用，这可能是 7 岁儿童刚刚进入小学，周围的同伴还不熟悉，还没有建立一定的情感，因而对方的反应虽然让他们感觉到伤害对方会让自己感到难过，但是具体到情绪归因和推测后继行为时，他们则没有将其作为判断的依据。

五、结论

本研究通过临床访谈法，用故事情景，通过与儿童一对一的访谈，并分析他们对故事后问题的回答，得到以下结果：

(1)在没有加入人际因素的情况下，即使是9岁的儿童，也还不能很好理解内疚情绪。

(2)教师评价促进7岁和9岁儿童对内疚三个层次的理解，同时也能促进5岁儿童对内疚第一层次的理解。

(3)对方反应促进9岁儿童对内疚三个层次的理解，但对5岁和7岁儿童在理解内疚情绪方面的影响令人不解，这需要以后进一步的研究。

第三节　实验4:不同外在评价对儿童内疚情绪理解的促进作用

一、引言

实验3的结果显示，身体侵犯行为，教师评价对5岁儿童理解内疚情绪没有促进作用，而对7岁和9岁儿童有良好的促进作用。这可能是5岁儿童的道德认知的发展也还处在“无律期”和“他律期”的转换阶段。“无律期”的儿童是以“自我中心”来考虑问题的，而7岁儿童，其道德认知的发展处于“他律期”，服从外部规则，接受权威指定的规范，9岁儿童其道德行为认知的发展已走向“自律期”。实验3的结果可以说明儿童对内疚情绪的理解可能也存在这样的发展阶段，5岁儿童根据结果是否达到自己的目的来理解违规者的情绪，处于道德情感理解发展的“无律期”，而7岁和9岁儿童则处于道德情感理解发展的“他律期”，但是从年龄上来看，道德情感理解的发展似乎要落后于道德认知的发展。实验 1 的结果也支持了这一点，三个年龄阶段的儿童都会根据社会规则进行道德评价，但是在没有加入教师评价和对方反应这两个因素时，他们主要还是根据结果是否达到自己的目的来理解违规者的情绪。

教师评价会促进 7 岁和 9 岁儿童对违规者身体侵犯行为的内疚情绪的理解，因此在实验 4 中，我们主要采用身体侵犯行为的故事。而且，实验 1 中儿童自身对行为外显的道德评价并不影响他们对内疚的理解，实验 3 中教师评价会影响儿童对内疚情绪的理解，那么具体是老师的权威性产生了影响还是仅仅是外在评价就能影响儿童内疚情绪的理解？而且人际交往的观点认为，内疚情绪取决于同伴的评价和自己的自我评价，因而本实验主要探讨不同的外在评价（教师评价、同伴评价）是否会影响儿童对违规者身体侵犯行为内疚情绪的理解，从而探究儿童内疚情绪理解的发展特点。

二、研究方法

（一）被试

根据实验 1 和实验 3 的结果，7 岁和 9 岁儿童还处在道德情感发展的“他律期”，11 岁儿童虽然在道德认知的发展上已经处于“自律期”，但是其道德情感理解的发展具体表现如何尚未明确。本实验选择 9 岁和 11 岁儿童为被试，其中 9 岁组 95 人，平均年龄 8.73 岁，男生 47 人，女生 48 人，11 岁组 86 人，平均年龄 10.89 岁，男生 40 人，女生 46 人。

（二）研究材料与设计

指导语：“下面我要给你讲一个故事，在我讲故事的时候，你要仔细地听，讲完每个故事以后，我会问你几个小问题，你怎么想就怎么说，好吗？”在得到被试肯定回答的情况下进行实验。

研究所用的实验材料是1套自编故事，共有3个故事，每个故事都涉及两个人物。如：

盈盈和小涛放学后都是坐校车回家的，有一天放学后，他们两个都在排队上车，小涛是排在盈盈后面的，但小涛想快点上车，于是在上车的时候，就拼命地挤盈盈，把盈盈挤倒了。

根据研究目的，整个研究采用2(年龄：9岁、11岁)×3(外在评价：无评价、同伴的评价、老师的评价)的实验设计。两个变量均采用被试间设计。实验设计见表7-7。

表7-7　实验设计

9岁	第一组(32人)：故事1 第二组(31人)：故事2 第三组(32人)：故事3
11岁	第一组(30人)：故事1 第二组(28人)：故事2 第三组(28人)：故事3

(三)研究程序

实验采用临床交谈法，个别进行。主试向每个被试讲述1个故事。故事讲完后问被试有关问题，并记录回答内容。指导语与实验1中指导语相同。

要求被试回答的问题如下：

1.某某小朋友当时心里是什么感觉？(如果被试不能回答，则让其选择：①难过；②后悔；③自责；④无所谓；⑤高兴)

2.为什么她会有这样的感觉？[给予选择：①行为本身(他把盈盈挤倒了)；②行为的结果(他可以快点上车了)；③外在评价(故事2为同伴的评价，如洋洋说她了；故事3为老师的评价，如老师批评了)；④其他]

3. 接下来她/他会怎么做？[给予选择：①继续自己的行为（上车坐到位子上）；②采取弥补行为（把盈盈扶起来，把位子让给她）；③以后采取弥补行为（以后不挤盈盈了）；④其他]

三、结果分析

由于在实验 3 基础上我们已经归纳出了被试内疚情绪的归因和后继行为的类别，因而在本实验中按照实验 3 的结果，对被试的情绪归因和后继行为给予更加结构化的选择。

（一）儿童对内疚第一层次的推理

1. 儿童对违规者情绪的推理

首先我们对不同年龄儿童在不同外在评价条件下，认为违规者会产生的情绪进行分析。由于难过、自责、后悔都属于消极情绪，因而我们将它们放在一起统计，结果见表 7-8。

表 7-8　不同年龄儿童对违规者情绪推理的人数和百分比（频次和百分比）

年龄组	评价类型	消极情绪	无所谓	积极情绪	评价类型间的差异（χ^2）
9 岁组	无评价	11(34.4%)	11(34.4%)	10(31.3%)	11.77**
	同伴评价	19(61.3%)	5 (16.1%)	3(9.7%)	
	老师评价	22(68.7%)	10(31.3%)	0(0)	
11 岁组	无评价	9(30.0%)	17(56.7%)	3(10.0%)	4.57
	同伴评价	16(57.1%)	7(25.0%)	1(3.6%)	
	老师评价	16(57.1%)	9(32.1%)	0(0)	

从表 7-8 的数据可以发现，不管是 9 岁组还是 11 岁组儿童，在没有外界评价的情况下，认为违规者会产生消极情绪的比例都比较低，这个结果与实验 1 的结果相一致。而加入了同伴评价或老师的评价后，认为违规者产生消极情绪的比例都超过 50%。而且通过方差分析发现，9 岁组儿童在不同的评价类型之间，对违规者的情绪推理在 0.01 水平上差异显著。当

加入了同伴评价或老师评价后，推理违规者产生消极情绪的比例明显增多。而且从数据上看，9岁组儿童在老师评价的情景中比同伴评价情景中有更多的人认为违规者会产生消极情绪。而11岁组儿童在评价类型之间，对违规者的情绪推理没有显著性差异。在不同的评价类型中，儿童对违规者的情绪推理都不存在年龄差异。

2. 儿童对违规者情绪归因的推理

根据被试对违规者情绪不同归因类别的选择，我们将儿童对违规者不同的情绪归因进行分析，结果见7-9。

表7-9 不同年龄儿童对违规者的情绪归因(频次和百分比)

年龄组	故事评价类型	行为本身	行为结果	外在评价	其他	评价类型间的差异(χ^2)
9岁组	无评价	11(34.4%)	21(65.6%)	0(0)	0(0)	1.64
	同伴评价	18(58.1%)	9(29.0%)	2(6.5%)	2(6.5%)	
	老师评价	18(56.3%)	10(31.3%)	4(12.5%)	0(0)	
11岁组	无评价	15(50.0%)	12(40.0%)	0(0)	3(10.0%)	0.28
	同伴评价	14(50.0%)	7(25.0%)	2(7.1%)	5(17.9%)	
	老师评价	13(46.4%)	11(39.3%)	3(10.7%)	1(3.6%)	

由表7-9数据可得，两个年龄组的儿童对违规者的情绪归因主要集中在行为本身和行为结果两个维度上，虽然两个年龄组在评价类型之间，对违规者的情绪归因没有显著差异，但在无评价的情景中，归因于行为结果比例较高，而加入了同伴评价或老师评价后，归因于行为本身的较高。在不同的评价类型中，儿童对违规者的情绪归因都不存在年龄差异。

3. 儿童对违规者后继行为的推理

根据被试对违规者后继行为不同类别的选择，我们将儿童对违规者后继行为的推理进行分析，结果见表7-10。

表 7-10　不同年龄儿童对违规者后继行为的推理(频次和百分比)

年龄组	评价类型	继续自己的行为	采取弥补行为	以后采取弥补行为	其他	评价类型间的差异(χ^2)
9 岁组	无评价	19(59.4%)	10(31.3%)	3(9.4%)	0(0)	8.04*
	同伴评价	9(29.0%)	20(64.5%)	1(3.2%)	1(3.2%)	
	老师评价	6(18.8%)	25(78.1%)	1(3.1%)	0(0)	
11 岁组	无评价	14(46.7%)	15(50.0%)	1 (3.3%)	0(0)	7.84*
	同伴评价	7(25.0%)	17(60.7%)	2(7.1%)	2(7.1%)	
	老师评价	5(17.9%)	18(64.3%)	2(7.1%)	3(10.7%)	

由表 7-10 中的数据我们可以发现，两个年龄组的儿童，其推理违规者的后继行为主要集中在继续自己的行为和采取弥补行为这两个维度。其中，在无评价故事中，两个年龄组在继续自己行为这个维度上的比例都比较高，虽然年龄之间没有显著性差异，但是从数据上来看，11 岁组儿童在无评价的情况下，采取弥补行为的比例还是高于继续自己的行为。此外，在两个年龄组中，被试对于违规者的后继行为在评价类型之间都存在显著性差异，在同伴评价和老师评价的情景中，采取弥补行为的比例与无评价情况下相比有明显的增加，而且 9 岁组儿童在教师评价情景中比在同伴评价情景中有更多的人认为违规者会采取弥补行为。

(二)儿童对内疚第二层次的理解

为了更好地分析儿童对内疚第二层次的理解，我们将儿童对违规者的情绪推理与情绪归因联合起来分析，结果见表 7-11。

表 7-11　儿童对内疚第二层次的理解

年龄组	无评价故事/人	同伴评价故事/人	老师评价故事/人	评价类型间的差异(χ^2)
9 岁组	7	18	18	18.84**
11 岁组	6	13	13	11.05
年龄间的差异(Z)	0.14	1.23	0.04	

从表 7-11 中的数据我们可以发现，在无评价的情况下，两个年龄组的儿童理解内疚情绪第二层次的人数都比较少，而在同伴评价和老师评价的情景中，人数明显增多，但是在不同的评价类型之间，9 岁组儿童在 0.01 水平上有显著性差异，但在教师评价情景中和同伴评价情景中，有相同的人数能推理出内疚的第二层次；而 11 岁儿童在不同的评价类型之间没有显著性差异，而且对于不同的评价类型均不存在年龄差异。

（三）儿童对内疚第三层次的理解

为了更好地分析儿童对内疚第三层次的理解，我们将儿童对违规者的情绪推理、情绪的归因以及后继行为联合起来分析，结果见表 7-12。

表 7-12　儿童对内疚第三层次的理解

年龄组	无评价故事/人	同伴评价故事/人	老师评价故事/人	评价类型间的差异(χ^2)
9 岁组	7	17	17	0.408
11 岁组	6	12	11	4.50
年龄间的差异(Z)	0.00	0.24	0.43	

从表 7-12 中的数据我们可以发现，在无评价的情景中，两个年龄组的儿童理解内疚情绪第三层次人数都比较少，而在同伴评价和老师评价的情景中，人数明显增多，但是两个年龄组在不同的评价类型之间都没有显著差异，而且对于不同的评价类型均不存在年龄差异。

四、讨论

从儿童对违规者的情绪推理来看，即使到了 11 岁，在没有外在评价的情况下，儿童对于内疚第一层次也还不能很好地理解，他们认为违规者会产生消极情绪的比例也只达到了 30%。而加入了同伴评价和老师评价之后，9 岁儿童推理违规者产生消极情绪的比例明显上升，而且在评价类型之间差异显著。可见，外在评价会影响 9 岁儿童对内疚第一层次的推理，但是加入外在评价后，9 岁儿童的情绪归因并没有更多地从外在评价这个方面归因，而是在他们判断违规者后继行为中更多地体现了外在评价的影响；11 岁儿童在加入外在评价之后，并不影响他们对内疚第一层次的推理，但是外在评价却会影响他们对违规者后继行为的推理。

在分析儿童对内疚第二层次推理的结果中发现，外在评价会影响 9 岁儿童对内疚第二层次的推理，而不影响 11 岁儿童对内疚第二层次的推理，在加入了外在评价因素后，9 岁儿童有更多的人表现出对内疚第二层次的理解，可见外在评价仍然是 9 岁儿童推理内疚第二层次的一个有效线索，可能他们在自己的归因中不表现出来，或者是他们自己也没有意识到这是影响他们推理内疚情绪的因素，他们对道德情绪的推理仍然处在一个他律阶段；但对 11 岁儿童来说，外在的评价已经不再成为他们推理内疚第二层次的一个有效的因素，可能 11 岁的儿童在道德行为的评价上早就摆脱了他律阶段，他们对道德情绪的推理也逐渐走向自律阶段。

在分析儿童对内疚第三层次推理的结果中，我们发现外在评价对两个年龄阶段的儿童在推理内疚的第三层次上都没有显著的影响。对于 9 岁儿童来说，外在评价似乎只影响他们对内疚第二层次的推理，这种影响还不能深入到内疚的第三层次；而对于 11 岁儿童来说，外在评价这个因素对于他们推理内疚情绪的三个层次都没有显著的影响。这可能是因为 11 岁儿童对道德情绪的推理已经处于“自律期”，因而不管是同伴的评价还是老师的评价，已经不会影响到他们对情绪的推理。虽然内疚是一种处于人际交往背景下的自我意识情绪，但是随着儿童年龄的增长，认知能力的不断提高，他们的理解能力也随之提高，很多的社会标准都已经内化为他们自己的行为准则，因而外界的评价在他们推理情绪时已经不是一个主要的影响因素，他们更多是从行为本身这个角度来推理违规者的情绪。

此外，同伴评价和老师评价这两个外在评价因素，对于儿童推理内疚情绪的影响似乎是相似的，尤其是对内疚第二层次和第三层次的推理中具备了相同的影响，因而我们可以认为，即使 9 岁儿童对道德情绪的推理处于“他律”阶段，但是他们的他律已经不仅仅局限于权威的评价，同伴的评价也具有同样的影响。这可能也反映出该阶段的儿童在人际交往中，同伴之间的交往已经成为他们较为重要的人际关系，同伴的评价在他们进行评价和决策中都起着很重要的作用。

五、结论

本研究采用临床访谈法，以 9 岁和 11 岁儿童为研究对象，考察不同的外在评价是否对儿童内疚情绪的理解产生不同的影响，结论如下：

(1) 外在评价(同伴的评价和老师的评价)会影响 9 岁儿童对内疚第一层次和第二层次的理解。

(2)外在评价(同伴的评价和老师的评价)不影响 11 岁儿童对内疚情绪的理解。

(3)同伴的评价和老师的评价对 9 岁儿童具有相同的影响。

第八章　儿童内疚情绪与初级情绪的发展差异

第一节　问题的提出

已有的儿童情绪理解的研究结果比较丰富，从最简单的婴儿对面部表情的识别（Nelson，1979；Haviland，et al.，1987；Izard，1980）、儿童对面部表情的指认、命名（Denham，1986）、儿童对情绪情景的识别（Denham，1986；何洁，等，2009）到儿童对混合情绪的理解（Brown，1996）；从儿童对情绪原因的理解（Denham，1994；Febes，1991；徐琴美，等，2007）到儿童对愿望和信念对情绪作用的理解（Harris，1989；Baron-Cohen，1998；刘国雄，2007）。大多数儿童情绪理解的研究结果都表明，6 岁左右儿童就能很好地理解各种情绪，以往的这些儿童情绪理解的研究结果虽然多，结论也相对较为一致，但这些研究基本只是针对初级情绪（高兴、害怕、生气、难过），其结论是否能扩展到所有的情绪领域？

实验 2 的结果表明，对于内疚这种自我意识情绪，小学儿童对它的理解能力还处于比较低的发展水平上。但实验 2 采用的研究材料与以往儿童情绪理解的研究材料有所不同，考察的方法也不同。Tracy 等（2004）提出的自我意识情绪的理论模型中就分析了初级情绪与自我意识情绪产生过程的差异，他们认为个体将事件评价为与生存有关还是与个体身份目标一致，以及将事件归因于外部还是内部，这是个体产生初级情绪还是自我意识情绪的主要原因。而且 Lewis 等于 2003 年就指出，个体自我认知能力的发展是其自我意识情绪产生的前提。所以，儿童对自我意识情绪之一的内疚情绪理解可能与初级情绪的理解存在发展上的差异。

有关情绪与亲社会行为之间的关系，早在 1972 年，Isen 等人就曾开展过研究，随后又有不少研究对积极情绪状态下个体的行为进行过研究，这些研究一致认为，当个体处于良好情绪状态时，他们会更有可能产生助人行为（Michael，et al.，1988；Baron，et al.，1984；Salovey，et al.，1991；Isen，1999）。个体处于消极情绪状态时，其助人行为又会如何？根据我们的日常生活经验，当个体处于消极情绪状态下，如个体处于极度悲伤的状态时，往往不太会关注其他人是否需要帮助，其助人行为当然就不会产生。但消极状态释放模型则认为，个体可以通过帮助别人来减轻自身的忧伤和苦恼。个体处于消极情绪状态时是否会产生助人行为究竟取决于什么？Rosenhan 等（1981）提出，个体处于消极情绪状态，如果其注意力集中于自己，则助人水平较低，但如果他们将注意力集中于他人想象，则助人水平较高。

内疚是一种消极情绪，个体处于内疚状态往往会体验到痛苦，但从内疚的定义来看，内疚的个体之所以体验到消极情绪，是因为自己的行为给他人造成了伤害，或是违反了规则。内疚个体虽然评价的是自己的行为，但更为关注自己的行为给他人或外界造成的不利影响。根据 Rosenhan 等人的观点，体验到内疚情绪的个体，其助人水平会较高。Jessica 等（2004）在分析自我意识情绪与初级情绪的差异中也提到，自我意识情绪具有服务于个体社会需要的功能。Keltner 等（1997）提出，自我意识情绪能促使个体达到特定的社会化目标，促使个体产生社会所要求的行为。

作为自我意识情绪之一的内疚情绪是如何服务于个体的社会需要的？当个体体验到内疚后，他们希望通过某种途径减轻这种消极的情绪体验，而这时如能实施亲社会行为，如帮助他人，一方面从消极状态释放模型来看，可以减轻自己的消极情绪状态；另一方面也更符合社会的要求和准则，从而被社会接纳，有助于其更好地适应社会，促进其社会化的发展。已有的内疚情绪与亲社会行为的研究也表明，内疚对助人行为有促进作用(Harris，1975；Carlsmith，1969；Konecni，1972)。也有研究者提出，内疚情绪就是出于鼓励增进相互关系的目的(Baumeister, et al.，1994；Gilbert，1998；Keltner, et al.，1997；Tracy, et al.，2003)。因此，我们有理由相信，儿童的内疚情绪与初级情绪对亲社会行为可能会产生不同的影响。

第二节　实验5：儿童内疚情绪与初级情绪理解的发展差异

一、引言

儿童对初级情绪和自我意识情绪的理解能力在发展趋势上有差异，还是因为在不同的研究中采用的研究材料和研究方法不同，才导致儿童初级情绪理解与内疚情绪的理解表现不同？为此，在本研究中，我们将初级情绪与内疚情绪放在一起进行探讨，以考察儿童初级情绪的理解与内疚情绪理解能力上是否存在差异，进而更全面地了解儿童情绪理解能力的发展。

本研究假设，采用相同的研究材料和研究方法，如果小学儿童对内疚情绪与初级情绪的理解能力没有显著差异，则实验2与以往研究中得到的儿童情绪理解能力上的差异，可能是由于研究方法及研究材料的不同导致的。但如果两者之间存在显著差异，则表明小学儿童对内疚情绪与初级情绪的理解能力确实存在不同的发展趋势。

二、研究方法

(一)被试

从杭州市两所小学任意选取一年级、三年级和五年级学生 273 名，其中一年级为 72 名($M=7.55$,$SD=0.47$)，男生 48 名，女生 24 名；三年级 91 名($M=9.08$,$SD=0.36$)，男生 46 名，女生 45 名；五年级 110 名，($M=11.39$,$SD=0.49$)，男生 67 名，女生 43 名。

(二)实验材料

由于内疚是社会性情绪，为了与诱发内疚情绪的故事相对应，本研究中采用的诱发的初级情绪也为社会性初级情绪，在实验 2 诱发内疚情绪故事的基础上编制诱发初级情绪的故事。故事情景也分为两类，一类为人际交往情景，一类为学业情景。此外，为了能更好地考察小学儿童对内疚情绪与初级情绪理解的差异，本研究的故事类型分为三种：初级情绪故事为纯粹的诱发小学儿童初级情绪的情景；模糊故事为可能诱发小学儿童初级情绪，也可能诱发小学儿童内疚情绪的情景；内疚故事为纯粹诱发小学儿童内疚情绪的情景。

1. 初级情绪故事

主要考察小学生对初级情绪的理解能力，故事情景为 4 个，分别包括四种情绪反应(高兴、害怕、生气、难过)。评分标准：判断正确给 2 分；如果小学生辨别不准确，但能够区分积极和消极情绪，如把生气说成害怕，记 1 分；如果完全错误，记 0 分。这项任务的满分为 8 分。

2. 内疚故事

考察小学生的内疚情绪理解能力，为与初级情绪故事情景相对应，内疚故事也为 4 个。评分标准：由于内疚是书面用语，按照实验 1 中内疚的操作定义，将对内疚情绪的理解分为 3 个层次，在记分时将被试对故事中行为发出者的情绪推理、情绪归因及后继行为的推理结合起来进行分析，但为了与初级情绪的记分方法相对应，将只能理解内疚第一层次而不能理解内疚第二层次、第三层次的记为0分，能理解内疚第二层次但不能理解内疚第三层次的记为1分，能理解内疚第三层次的记为2分，这项任务的满分为8分。

3. 模糊故事

考察小学生在情绪反应不明确情景中的情绪理解能力。故事情景为4个，包括(高兴—内疚故事、害怕—内疚故事、生气—内疚故事、难过—内疚故事)。评分标准：如被试的回答是初级情绪，则按照初级情绪故事的记分方法，如被试的回答是内疚情绪，则按照内疚情绪故事的记分方法，这项任务的满分为8分。

被试在各个故事类型中的具体安排见表8-1。

表8-1　被试在各个故事类型中的具体安排

年级	初级情绪故事/人	模糊故事/人	内疚故事/人
一年级	27	23	22
三年级	30	30	31
五年级	43	37	30

故事之一(内疚情绪故事)如下：

丁丁很怕他的班主任王老师，中午吃饭的时候，丁丁在教室里跑着玩，撞到了同学苗苗，苗苗的热汤倒在了手上，结果苗苗的手被烫伤了。

研究采用3(年龄：一年级、三年级、五年级)×3(故事类型：初级情绪、模糊、内疚)×2(情景类型：人际交往情景、学业情景)的实验设计，其中年龄与故事类型为被试间设计，情景类型为被试内设计。

(三)研究程序

同实验2。

三、结果分析

(一)不同年级小学儿童的初级情绪与内疚情绪理解能力发展趋势

对不同年级小学儿童的初级情绪理解能力及内疚情绪理解能力进行了初步分析,结果见表 8-2。

表 8-2 小学儿童初级情绪及内疚情绪理解能力(平均数及标准差)

年龄	初级情绪故事	模糊故事		内疚故事
	初级情绪	初级情绪	内疚情绪	内疚情绪
一年级	1.77±0.18	1.00±0.46	0.73±0.55	0.49±0.46
三年级	1.85±0.14	1.11±0.34	0.68±0.36	0.98±0.51
五年级	1.74±0.15	0.88±0.38	0.85±0.40	1.20±0.55
$F_{(2)}$	4.12*	2.66	1.43	12.44**

表 8-2 的数据表明,对于初级情绪,总分的平均分为 2 分,3 个年级小学儿童的平均分均在 1.5 以上,这表明小学 3 个年级的儿童对初级情绪的理解能力都较好,虽然在年级之间也存在显著差异,但总体来说,数据都比较接近。而对于内疚情绪来说,3 个年级的小学生对其的理解能力相对较差,只有五年级学生的内疚理解能力才达到 1 分以上,且年级之间存在极为显著的差异。在模糊故事中,小学生的内疚理解能力最差,即使到了五年级,其内疚理解能力平均分都没有超过 1 分。而且,从数据上看,3 个年级儿童的初级情绪理解能力得分均高于内疚理解能力得分,这表明在情绪线索不是非常明确的情况下,小学生的内疚理解能力较低,他们容易受到其他线索的影响(比如初级情绪的线索),更多地以初级情绪的理解为主。

(二)小学儿童在不同故事类型中的情绪理解能力

为比较小学儿童对初级情绪与内疚情绪理解能力的差异,我们将他们在初级情绪及内疚情绪故事类型中的情绪理解能力得分进行比较，结果见图 8-1。

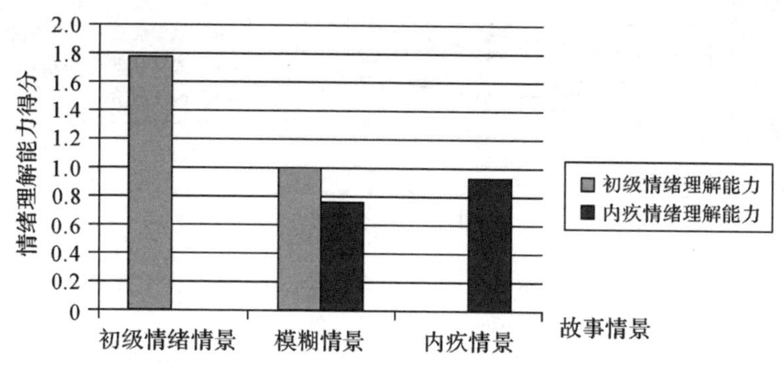

图 8-1　小学儿童在不同故事情景类型中的情绪理解能力

由图 8-1 可以直观地看出，小学儿童在不同故事情景类型中的情绪理解能力有着较大的差异，将初级情绪故事情景中的初级情绪理解能力数据、模糊故事情景中的初级情绪理解能力数据、内疚故事情景中的内疚情绪理解能力数据作为因变量——情绪理解能力，对小学儿童的情绪理解能力得分进行 3(年龄)×3(故事类型)的两因素方差分析，结果发现，年级与故事类型的交互作用显著($F_{(4)}=9.88$，$p=0.00$)。再将初级情绪故事情景中的初级情绪理解能力数据、模糊故事情景中的内疚情绪理解能力数据、内疚故事情景中的内疚情绪理解能力数据作为因变量——情绪理解能力，对小学生的情绪理解能力得分进行 3(年龄)×3(故事类型)的两因素方差分析，结果发现，年级与故事类型的交互作用显著($F_{(4)}=7.88$，$p=0.00$)。这说明，在不同的故事类型中，小学生情绪理解能力的发展趋势有所不同，结果见图 8-2。

从图 8-2 中可以发现，3 个年级的小学儿童均具备良好的初级情绪理解能力，且出现了“天花板效应”。这表明小学一年级儿童就已经能很好地理解初级情绪；3 个年级小学儿童的内疚情绪理解能力随年龄增长呈上升趋势，但总体还是落后于对初级情绪的理解，这表明小学儿童对内疚情绪的理解能力确实要落后于他们对初级情绪的理解；而小学儿童在模糊故事

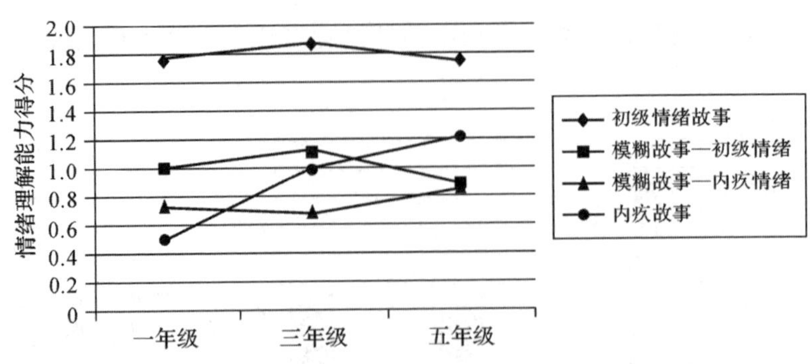

图 8-2 不同故事类型中，小学儿童的情绪理解能力的发展趋势

中的初级情绪理解能力发展趋势则表现为先上升后下降的趋势，且总体成绩相对于初级情绪情景而言并不佳。这主要是因为模糊情景中有部分儿童选择了内疚情绪的反应，从而降低了初级情绪的反应；且小学生在模糊情景中的内疚理解能力随年龄增长也呈现上升趋势，但总体不如内疚故事情景中的内疚情绪理解能力。这表明对模糊故事，小学生由于受到多个情绪线索的影响，部分学生反映出来的是初级情绪理解能力，而部分学生反映出来的是内疚情绪理解能力。

(三)小学儿童在不同情景类型中的情绪理解能力

为了探讨小学儿童在不同情景类型中对初级情绪及内疚情绪的理解能力，我们将小学儿童在不同情景类型中的情绪理解得分进行比较，其中模糊故事条件下被试的得分是其内疚情绪理解能力的得分，结果见表 8-3。

表 8-3 小学儿童在不同情景类型中的情绪理解得分(平均分和标准差)

年龄	人际交往情景	学业情景	t
一年级	1.05±0.84	1.04±0.74	0.24
三年级	0.89±0.90	1.47±0.58	6.11**
五年级	1.17±0.84	1.42±0.52	2.93**

表 8-3 的数据表明，小学儿童在不同情景类型中的情绪理解能力有所不同，一年级儿童在两类情景中的情绪理解能力没有显著差异，而三年级和五年级儿童的情绪理解能力在两类情景中则有显著差异。且学业情景中的情绪理解能力明显好于人际交往情景。从发展趋势来看，人际交往情景中，不同年级小学生的情绪理解能力没有显著的年级差异（$F_{(2)}=2.60$，$p=0.08$）；而学业情景中，不同年级儿童情绪理解能力则有显著差异（$F_{(2)}=11.42$，$p=0.00$），且随年龄的增长，其情绪理解能力逐渐提高。进一步对小学儿童情绪理解能力的得分进行 3（年龄）×2（情景类型）的两因素方差分析，结果见表 8-4。

表 8-4　小学儿童情绪理解的两因素方差分析

	平方和	*df*	均方	*F*
年级	5.37	2	2.69	4.83**
情景类型	9.93	1	9.93	17.86**
年级×情景类型	6.93	2	3.47	6.24**

由表 8-4 发现，年级与情景类型的交互作用显著，年级与情景类型的主效应显著。这表明，儿童的情绪理解能力在不同情景类型中表现出不同的发展趋势。进一步事后分析发现，人际交往情景中，只有三年级与五年级儿童的情绪理解能力有显著差异（$p=0.02$），一年级与三年级、一年级与五年级儿童之间均不存在显著差异（$p=0.24$，$p=0.36$）。学业情景中，一年级与三年级、一年级与五年级儿童之间的情绪理解能力差异显著（$p=0.00$，$p=0.00$），而三年级与五年级儿童情绪理解能力差异不显著（$p=0.60$）。

对小学儿童的情绪理解能力得分进行 3（故事类型）×2（情景类型）的两因素方差分析，其中模糊故事中小学生的情绪理解能力得分为内疚理解能力的得分，结果见表 8-5 与表 8-6。

表 8-5 小学儿童在不同条件下的情绪理解能力(平均分和标准差)

	人际交往情景	学业情景	t
初级情绪情景	1.97(0.15)	1.60(0.30)	10.38**
模糊情景	0.37(0.57)	1.17(0.67)	8.19**
内疚情绪情景	0.66(0.66)	1.20(0.76)	6.00**

表 8-6 小学儿童情绪理解能力的两因素方差分析

	平方和	df	均方	F
故事类型	112.36	2	56.18	186.75**
情景类型	14.33	1	14.33	47.64**
故事类型×情景类型	35.56	2	17.78	59.11**

表 8-6 数据表明,故事类型与情景类型的交互作用显著,故事类型与情景类型的主效应显著。进一步分析后发现,不管是人际交往情景还是学业情景,小学生均在初级情绪故事中表现出最好的情绪理解能力,在模糊故事和内疚故事中的情绪理解能力较差。在人际交往情景中,小学儿童在不同的故事类型中情绪理解能力有显著差异($F_{(2)}=280.77$,$p=0.00$),三种故事类型中,模糊故事中的情绪理解能力最差;在学业情景中,小学生在不同故事类型中情绪理解能力有显著差异($F_{(2)}=15.20$,$p=0.00$),模糊故事中的情绪理解能力最差。这表明,小学儿童的初级情绪理解能力显著好于内疚情绪理解能力。在不同故事类型中,小学儿童在两类情景类型中的情绪理解能力均有显著差异(见表 8-5),相对于学业情景,小学生的初级情绪理解能力在人际交往情景中较好,而其内疚情绪理解能力则在学业情景中较好。

四、讨论

小学儿童初级情绪的理解能力出现了“天花板效应”,即使小学一年级儿童的初级情绪理解能力也已达到较高水平,这与以往儿童情绪理解的研究结果极为一致(Harris, et al., 1989;Cassidy, et al.,1992,Harris,2008),而小学儿童内疚情绪的理解能力明显低于初级情绪的理解能力,这个研究结果也证实了 Tracy 等(2004)提出的自我意识情绪的理论模型,即自我意识情绪的产生和发展相对初级情绪而言,需更多认知过程的参与,是以认知能力的发展为前提的,儿童内疚情绪理解能力的发展要晚于初级情绪理解能力的发展。该结果同时表明以往儿童初级情绪理解能力发展趋势与内疚情绪理解能力发展趋势不同,不是因为不同研究采用的研究材料、研究方法不同所致。

在不同故事类型中,小学儿童的情绪理解能力表现出不同的发展趋势。在内疚故事中,小学儿童内疚理解能力随年龄增长呈现上升趋势,一至三年级是内疚理解能力快速发展的时期,这可能与这个时期小学生自我意识快速发展有关。小学儿童在模糊故事中内疚理解能力低于内疚故事中的内疚理解能力,且差异显著($F_{(1)}=4.50, p=0.04$),进一步说明小学儿童内疚理解能力还处于不稳定状态,在情绪线索不明的情况下,他们内疚理解能力就会受到影响。而且,小学儿童在初级情绪情景中的初级情绪理解能力明显好于其在模糊情景中的初级情绪理解能力,且差异显著($F_{(1)}=333.05, p=0.00$),他们中有相当一部分人对模糊故事中的内疚情绪线索做出内疚情绪反应。这表明,即使一年级儿童也并非完全不能理解内疚情绪,只是受到其自我认知能力水平的限制,内疚理解能力相对较低。

小学儿童在人际交往情景与学业情景中,情绪理解能力表现出不同的发展趋势。在人际交往情景中,三年级到五年级儿童的情绪理解能力差异较大;在学业情景中,一年级到三年级儿童的情绪理解能力差异较大,可能是因为人际交往情景中的情绪理解能力需更多的社会认知技能,而学业情景则相对简单。三年级和五年级儿童在学业情景中的情绪理解能力明显好于人际交往情景,三年级儿童在两种情景类型中的情绪理解能力的差异最大,到五年级,这种差异逐渐减少,这说明,小学儿童的情绪理解能力随年龄的增长而渐趋稳定。

五、结论

本研究采用三类故事（初级情绪故事、模糊故事、内疚情绪故事），通过临床访谈法，对小学一年级、三年级和五年级儿童的初级情绪与内疚情绪理解能力的发展差异进行研究，结论如下：

(1)小学一年级儿童已能很好地理解初级情绪。

(2)小学儿童初级情绪的理解能力好于内疚理解能力。随着年龄的增长，小学儿童初级情绪的理解能力一直保持较高水平；内疚情绪的理解能力逐渐提高，并不断接近初级情绪的理解能力。

第三节 实验6：小学儿童内疚情绪与难过情绪对其亲社会行为的影响

一、引言

几乎所有内疚情绪与亲社会行为之间关系的研究都是以成人为对象的，在个体成长的过程中，是否只要个体体验到内疚情绪，其助人水平就会提高？儿童的内疚情绪与其亲社会行为之间的关系是否也与成人相同？

难过也是一种消极情绪，当个体体验到难过情绪，他们的助人行为水平会发生何种变化？按照消极情绪释放理论的观点，个体处于难过情绪状态时，其助人行为水平会提高，因为助人可以减轻个体的消极情绪体验。该理论还有一个假设，即当个体相信自己的助人行为能改变其情绪状态时，他们就会提供助人行为。从这个假设出发，如个体处于难过的情绪状态，但这种难过状态无法在当前的情景中通过提供帮助得以改变，则个体是否就不会提供助人行为？有关情绪与亲社会行为关系的研究中几乎没有专门针对难过情绪对亲社会行为的影响。难过情绪与内疚情绪同属消极情绪，且在情绪体验上也较为相似，甚至有儿童在表达内疚情绪时也会用难过替代，但难过属初级情绪，而内疚属高级情绪，两者的社会功能不同，因而我们假设难过与内疚对儿童的亲社会影响也有所不同。

实验 2 的结果表明小学五年级的学生在学业情景中已经具备了良好的内疚理解能力，为了能较好地诱发小学生的内疚情绪，本研究也采用实验 2 中的学业情景，并且以小学五年级学生为研究对象，试图探讨他们的内疚情绪和难过情绪与其亲社会行为之间的关系。为此，我们开展了 2 个小实验来完成该实验任务。

二、实验 6.1：儿童难过情绪对其亲社会行为的影响

（一）研究目的

试图通过现场研究的方法，诱发儿童的难过情绪，考察该情绪对随后的亲社会行为的影响。

（二）研究方法

1. 被试

本研究在杭州某小学选取五年级小学生 55 名（$M=10.53$，$SD=0.37$），其中男生 37 名，女生 18 名。

2. 研究材料

（1）测试题

为了在研究中让被试相信自己的测试成绩比较差，从网上选择六年级语文阅读测试题，请五年级语文老师查看，确保对五年级学生来说比较难。此外，语文阅读题相对而言评分没那么客观，所得的测试成绩被试容易相信。

（2）亲社会行为测量指标

测量指标包括三部分，第一部分要求被试写出 20 个与亲社会行为有关的词汇；第二部分要求被试写出 20 个与情绪无关的句子；第三部分要求

被试写出10个亲社会行为的情景描述。

3. 研究程序

本研究采用现场研究的方法，通过让被试处于实际情景诱发他们的情绪，考察其情绪对亲社会行为的影响，为控制该年级被试的亲社会行为倾向，本研究将被试分为两组，一组为情绪诱发组，共27名，一组为控制组，共28名。

实验2结果表明，五年级学生在团体竞赛中，如果因为自己的不努力导致团体成绩低下，容易诱发他们的内疚情绪，因而在本研究中设置的情景为学业情景中的团体竞赛情景。

先让情绪诱发组完成语文阅读测试题，共20分钟。告诉被试这是一份语文测试题，要求被试尽快完成，最后的成绩是以3人为一个小组，进行班级内评比。每个人的成绩好坏将直接影响其所在小组的最后评比成绩，但不告知分组的具体名单，被试不清楚自己跟谁在同一个小组，班主任老师帮忙监考。20分钟后所有的语文阅读测试题都上交，5位主试马上在教室批阅试卷并计算分数，被试在教室一边看书，一边等待测试结果。实际上5位主试并没批阅试卷，只是在每位被试的成绩单上写上他们的成绩及小组名次。

30分钟后，主试告诉被试，所有的试卷都已经批阅完成，且已计算出每个小组的小组成绩。为了诱发被试的消极情绪，每位被试看到自己的成绩是30分，而小组内其他两位成员的成绩分别为96分和95分，小组的总成绩为全班倒数第一名。

被试被逐个邀请到主试处查看自己的成绩、小组成员的成绩及小组的名次。然后询问被试以下三个问题：

(1)看到这个考试结果，你现在的心情是什么？

(2)为什么你会有这样的心情？

(3)你接下来打算怎么做？

接下来做一个研究，需要一些研究的材料，给被试呈现一份问卷（亲社会行为问卷)，询问被试是否愿意帮忙填写，如愿意，进一步询问，这份一共有3个部分，他愿意帮忙完成几个部分，同时告知被试他是否愿意承诺都不会告诉他们的老师，他可以按照自己的意愿来决定。然后要求被试拿着亲社会问卷到另外一个教室填写，回答不愿意承诺的被试也需到另一个教室看书，直到所有被试都接受以上询问，最后将问卷收回。

由于被试均被30分的考试成绩诱发出消极情绪，为消除这次实验带来的不良情绪，实验结束后，我们立刻向被试解释，这次的语文测试并不是真正的考试，而是一个实验。他们的成绩也不是30分，真正的成绩谁也不知道，因为试卷并没有真正被批阅，老师也不知道他们考了多少分。大家在考试过程中觉得题目很难，有些都不知道该如何作答，这非常正常，因为本来就是小学六年级的阅读题，五年级的学生觉得难非常正常，并不是他们本身的语文成绩差。告知学生无须为这次考试成绩感到伤心，实验中的3人小组也是虚构的，并不存在这样的小组，也不存在班级的小组排名，对于给他们带来了消极情绪表示抱歉，请求他们原谅，并给予小礼物。

控制组只接受亲社会行为的测量。

4. 记分方法

在研究中，我们对儿童亲社会行为的测量包含两种，一种是他们承诺的亲社会行为，如果被试承诺完成3个部分，则记3分，如果承诺完成2个部分，则记2分，如果承诺完成1个部分，则记1分，如果不愿帮忙，则记0分；另一种是他们实际实施的亲社会行为，如被试完成3个部分，则记3分，完成2个部分，记2分，完成1个部分，记1分，什么都没完成，记0分。如被试在问卷中写出的内容不符合要求，或是没有写完，都认为他们在这部分已经做出了亲社会行为，都能得分。

(三)结果分析

由于所有变量在性别之间均无显著性差异，因此以下的数据分析均不统计性别差异。

1. 对儿童情绪状态的分析

我们在研究过程中曾询问儿童当时情绪状态的问题，为确定现场情景中儿童的情绪状态、情绪归因及后继行为，现对其回答进行分析，情绪归因及后继行为的记分方法同实验2，结果见表8-7。

表8-7 儿童情绪状态、情绪归因及后继行为的百分比

	情绪状态：难过/%	情绪归因：结果定向/%	后继行为：弥补或纠正行为/%
情绪诱发组	100	100	88.9

表8-7的数据显示，所有学生都报告当时比较难过，并有近90%的被试表示会通过弥补性行为来改善结果，这表明情绪诱发组的小学生在当时设置的情景中已经成功地诱发了消极情绪——难过，且所有被试均将这种情绪归因于自己才考了30分，表明实验情景成功诱发被试的初级情绪状态。

2. 对儿童亲社会行为的分析

对不同组儿童亲社会行为进行分析，结果见表8-8。

从表8-8数据可以发现，五年级儿童的亲社会行为分数并不高，不管是承诺的亲社会行为还是实际实施的亲社会行为，总分都为3，但两者实际的分数均不超过2。这表明，五年级儿童的亲社会行为倾向并不明显。不管是情绪诱发组还是控制组，五年级儿童承诺的亲社会行为与实际实施的亲社会行为之间均存在显著性相关。

对情绪诱发组与控制组的亲社会行为进行比较后发现，不管是承诺的亲社会行为还是实际实施的亲社会行为，两组儿童之间均不存在显著性差异。由此可见，诱发儿童的难过情绪，并不能提高其亲社会行为的频率。

表 8-8　儿童亲社会行为的平均数和标准差

	承诺的亲社会行为	实施的亲社会行为	r
情绪诱发组	1.74±1.06	1.07±0.83	0.59**
控制组	1.50±1.04	1.36±0.81	0.69*
F	0.73	0.92	

(四)讨论

从上面的结果分析发现,小学五年级学生的助人行为水平并不高,Staub 等早在 1979 年有关儿童助人行为的研究中就指出,儿童的助人行为是随年龄的增长而变化的,5 到 8 岁的助人行为是随年龄增长而增加的,但 9 到 12 岁的助人行为呈下降趋势。本研究中的被试为小学五年级学生,平均年龄在 10 岁左右,正处于呈下降趋势的年龄阶段。

通过比较情绪诱发组与控制组的亲社会行为水平发现两组之间并无显著性差异。对情绪诱发组情绪状态进行分析发现,通过现场情景,被试已经被诱发难过这种消极情绪,但这种消极情绪并不能促进其亲社会行为水平的提高,不管是认知层面还是实际的行为层面。这个结果似乎与消极情绪释放理论并不一致,该理论认为个体会通过提高亲社会行为的水平来消除自己的消极情绪状态,但这个理论隐含的一个假设是如果个体在助人前,其消极情绪可以通过其他方式得到调整,那此时的消极情绪就不再激发其去助人。Cialdini 等(1973)的研究表明,悲伤情绪会增加助人行为,但是如果助人情境出现时已经经历了积极事件,被试就不再有较高的动机去助人。本研究中被试由于自己考试得了 30 分,这个消极结果引发了他们的消极情绪,但他们认为可以通过努力学习提高自己的学习成绩来改变不良的情绪状态,所以助人水平不会提高。

本研究结果表明,当儿童体验到难过这种初级消极情绪时,不能促进其助人行为水平的提高。那么对于小学五年级儿童而言,是否其消极情绪并不能促进他们提高助人行为水平?还是如果诱发更高级,且更具有人际交往意义的内疚情绪，就能促进其助人行为水平的提高？如何才能真正诱发儿童的内疚情绪？

实验 6.1 在现场情景中诱发被试的消极情绪是初级情绪——难过，我们对被试的情绪归因进行分析后发现，由于被试在考试后被告知自己得了 30 分。绝大多数五年级学生的考试成绩都不会低至 30 分，这样的成绩让他们无法承受，表现得非常难过，注意力主要集中在 30 分这个极低的分数上，不能关注到他们的这个成绩给团体带来的不利影响。这与实验 2 中采用的学业情景产生的结果有所不同，实验 2 中采用的学业情景是因为故事中某位同学不努力造成了团体成绩的低下，但该同学的不努力行为线索并不十分明显，反而团体成绩低下的线索比较突出。而在本实验中，被试自己的学业成绩只有 30 分，线索非常具体明显，很容易成为诱发被试情绪的因素。在设置现场情景中，如果被试自己的学业成绩与他们的期望值差距缩小，是否就不太容易成为诱发他们情绪的因素？他们是否会更加关注到自己不良的学业成绩给团体造成的不利影响？这样是否能诱发出被试的内疚情绪？在这样的情绪状态下，其助人行为是否会有所提高？

三、实验 6.2：儿童内疚情绪对其亲社会行为的影响

（一）研究目的

为进一步考察内疚情绪与亲社会行为的关系，我们改变现场的情景，诱发儿童的内疚情绪，并考察其与亲社会行为的关系。

（二）研究方法

1. 被试

本研究在杭州某小学选取五年级小学生 61 名（$M=10.54$，$SD=0.49$），其中男生 39 名，女生 22 名。

2. 研究材料

(1)测试题

从网上选择六年级语文阅读测试题,请五年级语文老师查看,认为这些测试题对五年级学生来说有一定的难度,但不是非常难。

(2)亲社会行为问卷

同实验 6.1。

3. 研究程序

研究方法同实验 6.1,本研究同样将被试分为两组,一组为情绪诱发组,共 33 名,一组为控制组,共 28 名,该控制组即为实验 6.1 中的控制组。

基本程序同实验 6.1,与实验 6.1 所不同的是,我们在让被试做完语文阅读题后在自己的试卷上填上自己估计的得分。然后在反馈被试成绩时将他们的估分减去 15 分作为他们的考试成绩,而小组中其他两位成员的分数依然是 95 分和 96 分,小组同样因为被试的成绩较差而得了全班倒数第一。

4. 记分方法

亲社会行为记分方法同实验 6.1,内疚情绪的记分方法同实验 2。

(三)结果分析

1. 对儿童情绪状态的分析

对情绪诱发组的情绪状态、情绪归因及后继行为进行分析,结果见表 8-9。

表 8-9 儿童情绪状态、情绪归因及后继行为的百分比

	情绪状态		情绪归因		后继行为
	难过/%	内疚/%	结果定向/%	责任定向/%	弥补或纠正行为/%
情绪诱发组	84.85	9.09	9.09	87.88	100

从表 8-9 可以发现，有近 95%的被试报告自己当时处于难过或内疚的状态，这表明当时设置的情景确实诱发了被试的消极情绪，与实验 6.1 相似的是，有多数被试报告自己处于难过状态，那么在这个实验中被试被诱发的情绪是否也与实验 6.1 的相同？为此，我们分析了被试的情绪归因和后继行为。后继行为的数据基本与实验 6.1 相似，但情绪归因则有很大不同，大部分被试均从责任定向角度解释自己当时所处的情绪状态。该实验是否真正诱发了被试的内疚情绪？根据实验 1 中内疚情绪的定义，我们将被试的情绪状态、情绪归因及后继行为结合起来分析，如果被试报告当时处于消极情绪状态，并将这种情绪状态归因于是自己的责任(例如，因为我拖了小组的后腿，导致小组得最后一名)，则认为被试能理解内疚情绪的第二层次；如果被试报告自己当时处于消极情绪状态，并将这种情绪状态归因于自己的责任，同时还会采取弥补性行为(会努力学习，争取取得好成绩，不拖小组的后腿)，则认为被试能理解内疚的第三层次。对数据进行统计后发现，能理解内疚第二层次和第三层的被试均达到了 81.82%，这表明该实验设置的情景能真正诱发被试的内疚情绪。

2. 对儿童亲社会行为的分析

对情绪诱发组和控制组被试的亲社会行为数据进行分析，其中情绪诱发组被试的亲社会行为数据为真正被诱发内疚情绪的被试的数据，结果见表 8-10。

表 8-10　儿童亲社会行为的平均数与标准差

	承诺的亲社会行为	实施的亲社会行为	r
情绪诱发组	2.07±0.83	1.89±0.75	0.88*
控制组	1.50±1.04	1.36±0.81	0.69*
F	5.12*	6.62*	

表 8-10 中的数据显示，不管是情绪诱发组还是控制组，其实施的亲社会行为分数均低于承诺的亲社会行为分数，且承诺的亲社会行为分数与实

施的亲社会行为分数均存在显著性相关，该结果与实验 6.1 基本一致。

通过比较情绪诱发组与控制组的数据后发现，不管是承诺的亲社会行为还是实施的亲社会行为，两组学生之间均存在显著性差异，且从数据上看，情绪诱发组的平均分显著高于控制组，这说明情绪诱发组的亲社会行为倾向高于控制组。可见，诱发的内疚情绪能很好地促进儿童亲社会行为水平的提高。

我们将三组被试的亲社会行为数据放在一起呈现，以便更直观地看到不同组之间的差异，将实验 6.1 的情绪诱发组命名为难过情绪组，实验 6.2 中的情绪诱发组命名为内疚情绪组，另外一组为控制组，具体结果见图 8-3。

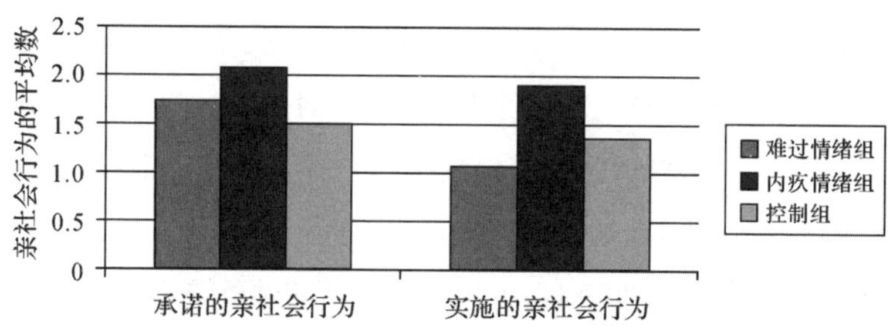

图 8-3　不同组被试的亲社会行为分析

从图 8-3 中可以直观地发现，不管是承诺的亲社会行为还是实施的亲社会行为，内疚情绪组的分数均为最高，单因素方差分析发现，承诺的亲社会行为，三组之间没有显著性差异（$F_{(2)}=2.37$，$p=0.10$），而实施的亲社会行为在三组之间存在显著性差异（$F_{(2)}=7.46$，$p=0.00$），可见诱发不同的情绪对于五年级儿童亲社会行为的影响在具体实施的亲社会行为方面最为明显。对承诺的亲社会行为与实施的亲社会行为进行比较后发现，两者之间存在显著性差异（$t=4.04$，$p=0.00$），很明显，承诺的亲社会行为分数要明显高于实施的亲社会行为。

(四)讨论

通过对实验 6.2 被试情绪状态的分析发现，实验 6.2 的情景设置能较好地诱发被试的内疚情绪，而实验 6.1 设置的情景则诱发了被试的难过情绪。比较两个实验中设置的情景，两者之间最大的不同在于被试最后被告知的自己的考试成绩，实验 6.1 的被试得到的是 30 分，而实验 6.2 的被试得到的分数是比自己估计的分数少 15 分，这直接导致被试截然不同的情绪归因。实验 6.1 情景中，被试的注意力更多集中于 30 分这个外部因素，而忽视自己给团体带来的不利影响；实验 6.2 情景中，由于被试得到的分数并不完全出乎他们自己的预料，其注意力更多集中于自己在团体失利中的责任，该结果支持了 Jessica 等(2004)提出的自我意识情绪的理论模型。他们提出，当一个事件被个体评价为与自己的身份目标相一致就会产生情绪，然而他们会产生初级情绪还是自我意识情绪，这取决于对该事件如何归因，如归因于外部，则产生初级情绪，如归因于自己内在的因素，则产生自我意识情绪。该结果也说明，小学五年级儿童情绪能力并不稳定，他们在某个情景中会产生何种情绪，很大程度上不是依据自己内在的评价标准，而是受到外界环境中线索的影响，因此要发展儿童的自我意识情绪，训练其归因方式可能是一种有效的途径。

图 8-3 中的结果显示被试实施的亲社会行为分数要显著低于其承诺的亲社会行为分数，这是否说明小学五年级儿童实际的亲社会行为水平要低于其承诺的亲社会行为水平？我们将实验 6.2 中的情绪诱发组与控制组承诺的亲社会行为与实施的亲社会行为进行差异分析后发现，两者之间也确实存在显著性差异($t=2.43$，$p=0.02$)，该年龄阶段的被试是否真的很难做到言行一致？还是本研究采用的是通过设置情景来诱发被试的情绪，而个体的情绪体验往往会随着时间的推移而逐渐减弱，导致情绪诱发组在承诺的亲社会行为与实施亲社会行为分数上的差异，是否是因为测量的时间不同而导致的？因为承诺助人是在情绪诱发之时，而实际实施助人

行为是在情绪诱发之后。为此，我们比较了控制组在两者之间的差异，如果控制组在两者之间有差异，那么就说明该年龄阶段的被试确实存在言行不一致的现象；但如果控制组在两者之间没有差异，那么诱发组在两者之间的差异可能就是情绪持续时间造成的。

数据分析后发现控制组在两者之间并无显著差异（$t=1.24$，$p=0.33$），这表明五年级学生还是能做到言行一致的，他们的亲社会行为的认知倾向等同于其实际的亲社会行为水平。导致情绪诱发组在两者之间存在差异，可能是诱发的情绪本身持续的时间有限，进而对实际实施的助人行为产生的影响在不同的时间有所不同。该结果也表明，在情绪研究中，尤其是通过现场诱发情绪来考察其与其他变量之间关系的研究中，需考虑到情绪的持续时间问题。

实验 6.1 的结果不支持消极情绪释放理论，而实验 6.2 的结果则支持消极情绪释放理论，这表明消极情绪释放理论不能解释所有消极情绪与亲社会行为之间的关系，起码对于儿童而言，不同的消极情绪可能对其亲社会行为的影响是不同的。通过比较情绪诱发组与控制组被试在亲社会行为水平上的差异发现，难过情绪不能促进被试亲社会行为水平的提高，内疚情绪能促进被试亲社会行为水平的提高，即使难过与内疚同属于消极情绪。本研究中被试被诱发的是难过情绪还是内疚情绪，很大程度上取决于被试的注意力是集中于自己的不良成绩还是集中于自己对团体造成的不良影响。Rosenhan 等(1981)也曾就好心情有助于助人水平的提高，还是糟糕的心情会提高人们的助人水平进行过研究。他们发现，在悲哀想象中，对注意集中于自己想象的被试而言，其助人水平低于注意集中于他人想象的被试。Carlson 等(1987)曾对以往有关消极情绪与亲社会行为关系的研究进行过分析和讨论。他们认为，一个人的注意力是集中于自己还是集中于他人，在很大程度上会影响他们亲社会行为水平的高低。而本研究的研究结果很显然与这些研究结果颇为一致。

Jessica 等(2004)曾分析过初级情绪与自我意识情绪的差异，差异之一便是自我意识情绪具有服务于社会需要的功能,而初级情绪没有这种功能。从本研究的结果来看,内疚确实能促进个体产生更多的亲社会行为,具有促进个体更好适应社会的功能。该研究结果同时也说明了,内疚情绪与难过情绪在个体社会化过程中的不同作用,而且这种不同的作用在小学五年级儿童身上就已经显现出来了。

(五)结论

本研究通过现场研究的方法,设置不同的情绪诱发情景,对五年级儿童的初级情绪难过与内疚情绪对其亲社会行为的影响展开研究,结果如下:

(1)初级情绪难过与内疚情绪对儿童亲社会行为水平的影响不同,前者不能促进儿童亲社会行为水平的提高,而后者能促进儿童亲社会行为水平的提高。

(2)当个体将注意力集中于不同的方面,产生的情绪状态也有所不同。当儿童将注意力集中于外在不良后果时,他们会产生难过情绪;但当他们将注意力集中于自己的不良行为时,会产生内疚情绪。

第九章 儿童内疚情绪与初级情绪的脑机制

第一节 问题的提出

情绪加工是社会认知的重要组成部分之一,在个体社会化过程中发挥着重要的作用。在情绪加工过程中存在着一种负性偏向现象,即相对于愉快的表情或者是表现愉快生活场景的材料,负性事件可以吸引更多、更快、更强的注意资源。Hansen 等(1988)的研究发现,被试在挑出混杂在微笑面孔中的愤怒面孔所需的时间短于从愤怒面孔中挑出微笑面孔的时间,也就是说,愤怒面孔得到了更多的注意资源。随后的许多行为研究都表明,相对于正性事件而言,负性事件能引起更为极端的反应,能迅速激活战斗、逃跑等行为,这对于个体的生存而言具有非常重要的意义(Pratto, et al., 1991;Taylor,1991)。因此有研究者提出,人对负性情绪刺激具有某种特殊的敏感性,与正性和中性刺激相比,负性刺激似乎拥有一种加工上的优先权(黄宇霞,等,2005),而且负性偏向的存在具有高度跨个体的一致性和稳定性(罗跃嘉,等,2006;Delplanque, et al., 2005)。Amrisha 和 Tobias 等(2008)研究发现,即便是婴儿也会产生这种负性偏向,即更关注环境中的负性事件刺激,而且他们还提出出现这种负性偏向存在内部的生物因素,这种现象对个体而言具有重要的进化和发展功能。从认知加工的角度看,负性刺激相对于正性刺激而言,具有更高的信息价值,因而也需要更多的注意资源及更为复杂的认知加工过程(Peeters, et al. ,1990)。

脑电研究的一些证据也表明了负性偏向的存在,如 Larsen 等(1998)给大学生呈现中性图片,随机穿插一些积极情绪图片或消极情绪图片,结果发现当呈现的是消极情绪图片时,ERP 研究中的主要成分晚期正电位(late positive potential,LPP)的波幅明显要大于积极情绪图片所诱发的 LPP。还有研究表明,情绪图片比中性材料诱发的晚期正成分(late positive component,LPC)波幅更大,如高兴和不高兴刺激诱发的 LPC 波幅比中性刺激要大(Lang, et al. ,1995;Palomba, et al. ,1997;Schupp, et al. , 2000)。Keil 采用国际情绪图片系统(IAPS)中具有不同情绪效价的图片开展实验,发现情绪图片诱发的 P3 和慢正电位的波幅明显要高于中性图片。有人还发现,在正常被试中,负性刺激要比正性刺激诱发更大的 P3 波幅(Johnston, et al. ,1991),这表明负性情绪刺激能调动更多的资源参与到情绪信息的加工。比如 West 和 Alain(2000)的研究发现,消极词汇比积极词汇引发的正成分波幅更高。ERP 的研究结果表明,负性偏向在信息加工的早期阶段已经发生,具体来说,从早期的视觉加工到注意分配,一致延续到晚期的认知加工和动作准备阶段(Huang, et al. ,2006)。那么对于负性情绪不同强度的刺激是如何加工的?已有的研究表明,极端负性刺激相对于中等负性刺激而言,诱发更大的 N2、P2 和 P3 波幅,可见人脑对于不同强度的负性情绪具有显著不同的加工趋势(Yuan, et al. , 2007)。该研究还指出 P2 代表对典型刺激特征的快速觉察,极端负性刺激诱发的 P2 波幅最小,潜伏期最短,这表明人们觉察到极端负性刺激更迅速;N2 代表对新异刺激的注意分配,极端负性刺激诱发了最大的 N2 成分,这表明极端负性刺激对于个体的生存最为重要,因此获得了最多的注意资源。此外,有研究发现,N1 主要与注意加工过程有关,尤其是对特定空间位置的视觉刺激的注意(Heinze-Fry, et al. ,1990;van der Lubbe, et al. ,1997)。Posner 等(1980)将 N1 的作用比喻成调整聚光灯的指向。N1

波的潜伏期代表注意加工开始的早晚，或加工速度的快慢。Oades 等(1996)提出，N1 潜伏期越短，表明自动化加工的程度越高，而潜伏期越长，则表明个体可能存在某些加工的缺陷，而 N1 的波幅一般代表着个体注意资源的分配情况(Wright, et al.,1995;van der Lubbe, et al., 1997)。

内疚与初级情绪中的难过、伤心、紧张等同属于消极情绪，从已有的研究可以推测，这些情绪刺激能吸引个体更多的注意资源，存在负性偏向现象。但从加工的过程来看，内疚属于高级情绪，相对于初级的消极情绪而言，更具加工过程的复杂性。从对于个体生存的重要性而言，初级负性情绪显然更为重要，个体在分配注意资源时，在两类不同的情绪上就会有所不同，个体对这两类情绪的觉察速度也会有所不同。

综上所述，本研究试图借助 ERP 技术，探讨初中生对于内疚情绪和初级负性情绪加工过程的差异。由于本研究采用经典的 Oddball 范式开展研究，而 P3 是该范式最明显能诱发的成分，因而本研究希望在个体加工不同种类情绪时得到 N1、P2、N2 和 P3 这些 ERP 成分上的差异。以往研究表明，七年级学生在加工内疚情绪和初级负性情绪时就能表现出明显的差异(张晓贤，2012)，因而本研究也以七年级为研究对象，从而揭示初中生对内疚情绪和初级负性情绪加工的神经机制，为保持与前面研究的一致性，本研究为实验 7。

本研究假设，初中生在加工内疚和初级负性情绪时在 ERP 的相关成分上会表现出明显的差异。由于内疚是社会性情绪，因此本研究中除了选择生存性初级负性情绪外，还选择了一类社会性初级负性情绪。这是因为内疚情绪和社会性负性情绪在个体社会化过程中有着类似的功能，可能其内在会存在相似的加工过程，但该类情绪又是初级情绪，因此与生存性初级负性情绪在某方面有着相似的加工过程。因而我们假设，初中生对内疚和社会性初级负性情绪在 ERP 的某些成分上比较相似，但与生存性初级负性情绪则有显著差异；在另外一些 ERP 成分上，社会性初级负性情绪与生存性初级负性情绪比较相似，但与内疚情绪有显著性差异。

第二节　实施过程

一、被试

选取杭州某中学七年级18名学生为被试($M=13.13$，$SD=0.47$)，其中女生8名，男生10名。18名被试中有一位是左利手，其余均为右利手。所有被试视力或矫正视力正常，能熟练操作计算机；由于被试为中学生，因此我们在选择被试之前给家长发放知情同意书，告知家长实验的过程及相关事项，并询问家长是否同意自己的孩子参加实验。根据家长反馈，联系愿意孩子来参加实验的家长，并约定实验时间。被试均自愿参加本实验，实验结束后，每位被试获取一定的报酬。

二、实验材料

采用Oddball分类的实验范式。在实验中，刺激材料分为标准刺激和偏差刺激(两者的比例为75%和25%)。内疚是一种高级社会性情绪，很难用图片诱发，因此在本实验中我们采用句子的方式，分两次呈现，偏差刺激的前半句为具体的事件或情景，后半句为情绪词汇。根据研究目的，情绪性句子分为三类：①内疚情绪句子；②生存性初级负性情绪句子；③社会性初级负性情绪句子。每类句子各10句，占呈现句子的8.3%，标准刺激为非情绪性句子，该类句子前半句与情绪性句子相同，后半句呈现非情绪性词语，这类句子为90句，占呈现句子的75%。

为得到这些句子，我们请10名大学生分别根据要求写出相应的情景，如要求被试写出令他们感到内疚的事件，将被试撰写的事件进行整理，编写成句子。

三、实验程序

（一）练习程序

由于被试对内疚情绪词汇与初级情绪词汇熟悉度不同，可能会导致他们在实验过程中由于熟悉度的不同而造成加工时间的差异，我们在被试进行实验准备过程中，先进行 150 个试次(trial)的练习，分 3 组(block)，每组中含有 10 个内疚情绪词汇和 10 个初级负性情绪词汇，30 个非情绪性词汇，要求被试判断该词汇是否是情绪性词汇。如果是情绪性词汇，那么用左手的食指按 F 键，如不是，则用右手的食指按 J 键。反应手在被试间进行平衡，并与正式实验的按键要求一致。被试每个反应之后均给予反馈，告知是否正确。所有这些词汇均是正式实验中用到的词汇。练习过程为：先在屏幕中央呈现持续时间为 1000ms 的“＋”，接着在屏幕中央呈现靶刺激（情绪性词汇或非情绪性词汇），如被试做出反应，则词汇消失，马上呈现反馈（正确或错误），该反馈持续时间也为 1000ms；如果被试没有按键，则 1000ms 后词汇消失，跟着出现反馈（没有做反应）。所有被试进行练习再进入脑电实验室。

（二）正式实验程序

被试戴好电极帽后进入独立的电磁屏蔽实验室，坐在固定位置准备实验，被试双眼与显示屏幕之间的距离约为 85cm，水平视角约为 15°。在正式实验之前，主试对实验操作进行指导，并要求被试在正式实验中需认真阅读句子，实验之后还有一个后测以考察被试是否在实验过程中认真阅读了句子；同时要求被试在实验过程中尽量不要动，在后半句句子呈现时尽可能不眨眼睛，等被试放松心情后开始正式实验。

实验共 3 组，每组包括 120 个刺激试次(trial)。各种条件的句子刺激呈现顺序完全随机。首先在电脑屏幕中央呈现“＋”注视点，持续时间为

1000ms，接着呈现前半句句子，持续时间为2000ms，然后是持续时间为800ms到1500ms随机的空屏，最后是后半句句子。后半句刺激呈现时间上限为2000ms，该刺激呈现随被试按键终止。所有文字均为宋体5号字，居中呈现，不换行。被试的任务是当标准刺激出现时用右手的食指按J键，而当偏差刺激呈现时，用左手的食指按F键，反应手进行被试间平衡。每呈现30个试次(trial)被试可以休息一下，按任意键可继续实验。具体呈现过程见图9-1。计算机自动记录被试的反应时，整个实验过程持续约50min。

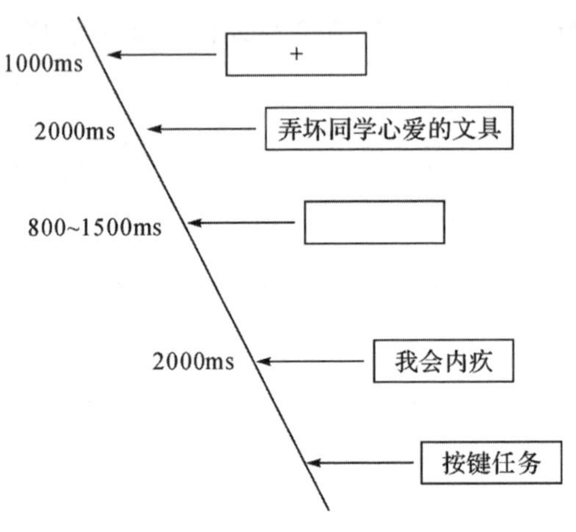

图9-1　实验程序示意

四、实验环境与设备

实验在杭州师范大学心理学系的ERP实验室进行，实验期间让被试坐在一个隔音、光线适中的电磁屏蔽实验室，主试在主试间操作。采用17寸显示器呈现视觉刺激。

五、脑电记录

使用德国Brain Products公司生产的256导脑电诱发电位仪进行记录与分析，并记录行为反应数据。利用64导电极帽采集脑电信息。具体电极名称如图 9-2 所示。在右眼外侧记录水平眼点(HEOG)和左眼上方记录垂直眼电(VEOG),参考电极为 Fcz。

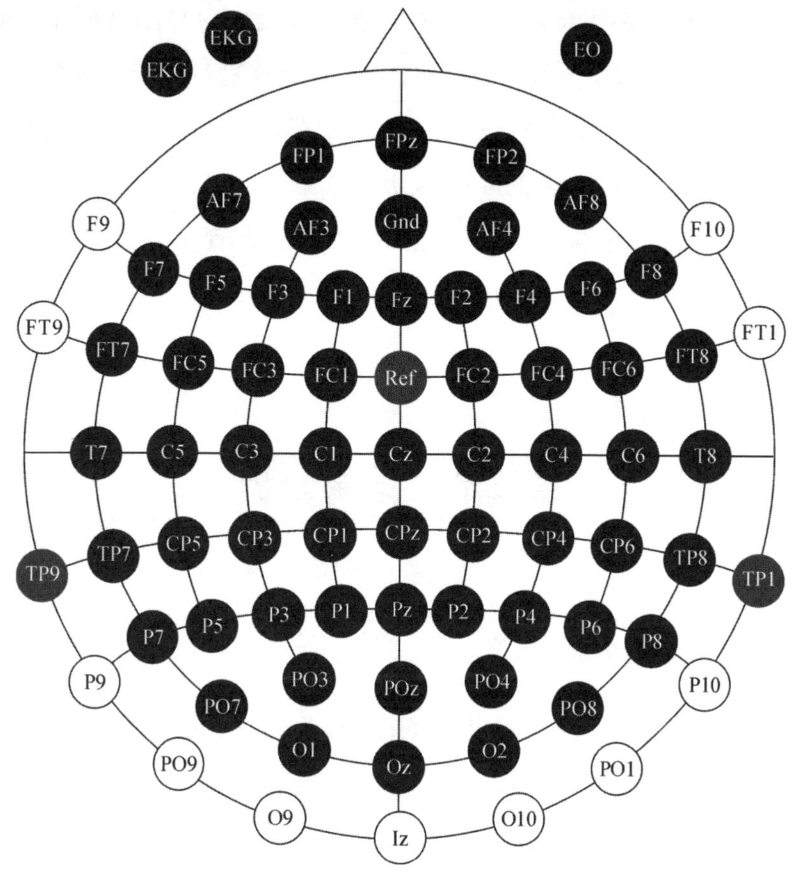

图 9-2　记录电极示意

六、数据处理

滤波带通为 0.1～50Hz,A/D 采样频率为 500Hz,所有电极的头皮电阻均小于 15kΩ。完成连续记录 EEG 后离线处理数据,自动矫正 VEOG 和 HEOG,波幅大于 ±50μV 的脑电记录被视为伪迹自动剔除,眨眼、眼动、肌电等伪迹也被充分排除。对内疚情绪句子、社会性负性初级情绪句子、生存性负性初级情绪句子的 EEG 进行叠加,分析时程为 −200～

800ms，用－200～0ms 的平均振幅对基线进行矫正。

选取 FPz、F7、F8、F3、F4、Fz、FC3、FC4、Cz、C3、C4 这几个电极点进行数据统计，并以脑中线为基准分为左右脑区（F7、F3、FC3、C3 归于左侧脑区，F8、F4、FC4 和 C4 为右侧脑区）进一步对数据进行分析。所有数据均采用 SPSS11.5 软件进行统计分析。由书末彩图 9-3 可知，标准刺激和偏差刺激诱发的 ERP 从大约 150ms 开始分离，该差异一直延续到大约 1000ms 以后逐渐结束。这些差异波上集中表现为早期 N1（130～180ms）、P2（200～300ms）以及晚期的 N2（300～450ms）和 P3（550～650ms）。

第三节　结果分析

一、行为数据分析

在脑电采集过程中，同时记录被试的行为数据。用 SPSS11.5 软件对被试在不同种类情绪词汇条件下的反应时进行分析，见表 9-1。

表 9-1　不同种类情绪词汇条件下的反应时($M\pm SD$)　　(单位：ms)

性别	内疚情绪	生存性初级情绪	社会性初级情绪	非情绪
男	831.91±270.55	892.53±191.55	891.45±187.19	844.03±144.22
女	858.93±165.03	834.94±183.43	828.34±164.69	776.08±144.22

以情绪词汇的类别和性别为自变量，反应时为因变量进行重复测量的方差分析，结果发现，情绪词汇类别（$F_{(1)}=0.62$，$p=0.44$）和性别（$F_{(1)}=0.32$，$p=0.58$）的主效应不显著，交互作用也不显著（$F_{(1)}=1.09$，$p=0.31$）。从描述性数据来看，女生在情绪词汇与非情绪词汇条件下的反应时差别比较大，进行差异检验后发现效应显著（$F=7.89$，$p=0.00$），这说

明女生在非情绪词汇句子条件下的反应时明显低于情绪词汇句子条件下的反应时。

二、脑电数据分析

(一)ERP 波形分析

不同情绪词汇条件下不同性别学生的 ERP 波形见书末彩图 9-4、彩图 9-5、彩图 9-6。不同情绪词汇条件下被试的 ERP 波形比较见彩图 9-7。

(二)N1 波的潜伏期和波幅

1. N1 波的潜伏期

N1 波潜伏期的描述性统计结果见表 9-2。

表 9-2　N1 波潜伏期的平均数和标准差　(单位:ms)

	性别	内疚情绪	生存性初级负性情绪	社会性初级负性情绪
潜伏期	男	144.00±16.10	134.73±7.76	140.00±13.11
	女	136.29±7.25	146.00±18.07	136.00±8.79

以 N1 波的潜伏期为因变量,性别和情绪词汇类别为自变量进行重复测量的方差分析,结果表明,性别和情绪词汇类别的交互作用显著($F_{(2)}=3.43$,$p=0.045$),性别的主效应不显著($F_{(1)}=0.00$,$p=0.97$),情绪词汇类别的主效应不显著($F_{(2)}=0.23$,$p=0.80$),男、女生在不同情绪词汇条件下 N1 潜伏期的变化趋势不同,具体变化见图 9-8。

从图 9-8 可以清晰看出,男生和女生在不同情绪词汇条件下 N1 波的潜伏期变化趋势不同,女生在生存性初级负性情绪条件下的 N1 波的潜伏期最长,且明显比另外两种条件下的潜伏期长;男生则在生存性初级负性情绪词汇条件下的 N1 波的潜伏期最短,且明显比另两种条件下的潜伏期短。

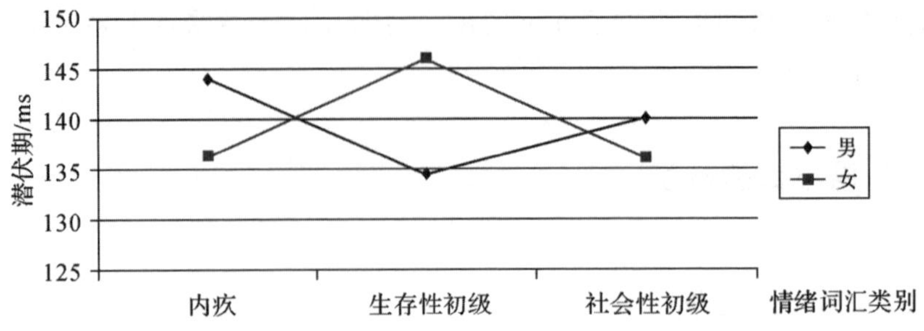

图 9-8 不同情绪词汇条件下，男、女生 N1 波的潜伏期

2. N1 波的波幅

N1 波的波幅统计结果见表 9-3、表 9-4、表 9-5。

表 9-3 N1 波的波幅的平均数和标准差 （单位：μV）

情绪类别	性别	Fz	Cz	FPz
内疚情绪	男	−2.52±3.91	−1.81±3.21	−3.32±3.10
	女	−2.98±5.36	−2.40±4.00	−3.22±5.23
生存性初级负性情绪	男	−2.57±4.36	−2.58±4.94	−3.41±3.10
	女	−4.02±5.54	−2.98±6.41	−4.06±4.42
社会性初级负性情绪	男	−4.41±5.37	−3.34±5.61	−4.06±4.52
	女	−5.70±4.99	−4.42±5.23	−5.35±4.45

表 9-4 N1 波的波幅的平均数和标准差（左侧脑区） （单位：μV）

情绪类别	性别	F3	F7	FC3	C3	*M*
内疚情绪	男	−2.60±3.62	−2.16±3.09	−1.29±3.32	−0.82±2.99	−1.72±2.72
	女	−2.38±4.55	−1.49±3.45	−2.18±4.44	−1.48±3.44	−1.88±3.77
生存性初级负性情绪	男	−2.42±4.27	−2.35±3.39	−1.20±4.61	−0.55±4.62	−1.63±4.02
	女	−4.08±3.97	−3.37±3.20	−4.01±4.74	−3.20±4.57	−3.67±3.90
社会性初级负性情绪	男	−4.58±4.74	−3.93±4.01	−3.15±5.43	−2.46±4.67	−3.53±4.21
	女	−4.47±4.90	−3.57±3.69	−4.88±4.17	−3.71±3.90	−4.16±4.06

表 9-5　N1 波的波幅的平均数和标准差(右侧脑区)　(单位:μV)

情绪类别	性别	F4	F8	FC4	C4	*M*
内疚情绪	男	−2.85±3.36	−4.01±4.51	−2.12±2.66	−3.32±4.92	−3.08±3.39
	女	−3.09±4.73	−4.92±3.77	−2.50±2.22	−4.16±3.45	−3.67±2.79
生存性初级负性情绪	男	−2.43±3.09	−1.91±2.27	−2.01±2.62	−2.12±1.80	−2.11±2.24
	女	−3.37±4.38	−2.52±3.12	−3.03±3.85	−2.61±3.81	−2.88±3.48
社会性初级负性情绪	男	−3.03±4.70	−2.17±3.78	−2.22±4.93	−1.98±4.83	−2.35±4.44
	女	−4.13±4.70	−3.08±2.76	−2.67±4.40	−2.25±5.44	−3.03±4.04

以性别、情绪类别为自变量，以 Fz 电极点的 N1 波的波幅为因变量进行重复测量的方差分析，结果发现，性别与情绪类别的交互作用不显著($F_{(2)}=0.20$，$p=0.82$)，但情绪类别的主效应显著($F_{(2)}=4.05$，$p=0.027$)，性别的主效应不显著($F_{(1)}=0.25$，$p=0.63$)。以性别、情绪类别为自变量，以 Cz、FPz 电极点的 N1 波的波幅为因变量进行重复测量的方差分析，结果发现，性别与情绪类别的交互作用不显著，各个变量的主效应也都不显著。这说明男、女生在不同的情绪类别条件下的 N1 波的波幅没有差异。以性别、情绪类别、脑区(左侧、右侧)为自变量，N1 波的波幅为因变量进行重复测量的方差分析，结果发现各个变量的主效应和交互作用均不显著。以性别、情绪类别为自变量，左侧脑区电极 N1 波的波幅的平均值为因变量进行重复测量的方差分析，结果发现，情绪类别与性别的交互作用不显著($F_{(2)}=1.17$，$p=0.33$)，情绪类别的主效应显著($F_{(2)}=5.17$，$p=0.01$)，性别主效应不显著($F_{(1)}=0.32$，$p=0.58$)，而且从数据上来看，内疚情绪条件下，N1 波的波幅最小($M=-1.78$，$SD=3.06$)；社会性初级负性情绪条件下，N1 波的波幅最大($M=-3.77$，$SD=4.04$)。

(三)P2 波的潜伏期和波幅

1. P2 波的潜伏期

P2 波潜伏期的统计结果见表 9-6。

表 9-6　P2 波潜伏期的平均数和标准差　　(单位:ms)

	性别	内疚情绪	生存性初级负性情绪	社会性初级负性情绪
潜伏期	男	249.45±29.26	243.81±29.03	241.45±21.75
	女	220.00±18.18	222.29±12.35	221.71±21.58

以 P2 波的潜伏期为因变量,性别和情绪类别为自变量进行重复测量的方差分析,结果发现,性别与情绪类别的交互作用不显著($F_{(2)}=0.46$,$p=0.64$),情绪类别的主效应不显著($F_{(2)}=0.17$,$p=0.85$),但性别的主效应显著($F_{(1)}=5.88$,$p=0.027$)。从表 9-6 的数据可以直观地看出,男生 P2 波的潜伏期要明显长于女生 P2 波的潜伏期。

2. P2 波的波幅

以性别和情绪类别为自变量,分别以 Fz、Cz、FPz 电极点的 P2 波波幅为因变量进行重复测量的方差分析,结果发现,各个变量的主效应不显著,交互作用也都不显著,以性别、情绪类别、脑区(左侧和右侧)为自变量,P2 波的波幅为因变量进行重复测量的方差分析,结果发现,各个变量的主效应不显著,交互作用也都不显著。

(四)N2 波的潜伏期与波幅

以情绪类别、性别为自变量,分别以 Fz、Cz、FPz 电极点的 N2 波波幅为因变量进行重复测量的方差分析,结果发现,各个自变量的主效应不显著,变量之间的交互作用也不显著。同样地,以情绪类比、性别、脑区(左侧、右侧)为自变量,N2 波的波幅为因变量进行重复测量的方差分析,结果发现,各个自变量的主效应不显著,变量之间的交互作用也不显著。

(五)P3 波的潜伏期与波幅

1. P3 波的潜伏期

P3 波潜伏期的统计结果见表 9-7。

表 9-7　P3 波潜伏期的平均数与标准差　　（单位：ms）

	性别	内疚情绪	生存性初级负性情绪	社会性初级负性情绪
潜伏期	男	609.73±37.08	581.00±27.64	604.80±22.03
	女	615.33±30.16	618.33±28.86	589.00±32.69

以性别和情绪类别为自变量，P3 波的潜伏期为因变量进行重复测量的方差分析，结果发现，性别与情绪类别的交互作用达到显著水平（$F_{(2)}=3.72$，$p=0.03$），情绪类别的主效应不显著（$F_{(2)}=1.42$，$p=0.23$），性别的主效应也不显著（$F_{(1)}=0.75$，$p=0.40$），表明男、女生在不同的情绪类别之间 P3 波的潜伏期变化不同，具体变化趋势见图 9-9。

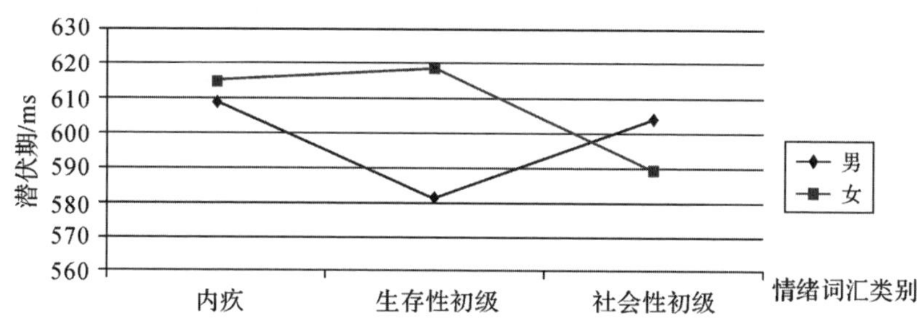

图 9-9　男、女生在不同情绪类别之间 P3 波潜伏期的变化趋势

从图 9-9 中可以直观地看到，女生在内疚情绪和生存性初级负性情绪条件下的 P3 波潜伏期长短相似，但社会性初级负性情绪条件下 P3 波的潜伏期最短；而男生则是在生存性初级负性情绪条件下 P3 波的潜伏期最短，另外两种条件下 P3 波的潜伏期长短相似。在生存性初级负性情绪条件下，女生 P3 波的潜伏期明显要长于男生。

2. P3 波的波幅

P3 波的波幅统计结果见表 9-8、表 9-9、表 9-10。

以性别和情绪类别为自变量，Fz 电极点 P3 波的波幅为因变量进行重复测量的方差分析，结果发现，性别与情绪类别的交互作用不显著（$F_{(2)}=0.94$，$p=0.40$），性别的主效应不显著（$F_{(1)}=0.72$，$p=0.41$），但情绪类别

表 9-8　P3 波幅的平均数和标准差　（单位：μV）

词汇类别	性别	Fz	Cz	FPz
内疚情绪	男	−0.80±7.00	4.00±7.02	−1.76±6.47
	女	0.81±8.52	6.67±9.20	−1.81±5.56
生存性初级负性情绪	男	0.61±5.43	4.42±5.55	2.53±8.24
	女	5.38±9.63	12.25±13.17	−0.47±5.52
社会性初级负性情绪	男	−1.07±7.25	4.08±6.96	−0.91±7.52
	女	1.44±10.00	8.81±12.52	−2.00±4.11

表 9-9　P3 波波幅的平均数与标准差(左侧脑区)　（单位：μV）

情绪类别	性别	F3	F7	FC3	C3
内疚情绪	男	−0.65±5.34	−1.39±4.51	0.66±5.14	1.28±5.07
	女	1.58±5.84	1.20±6.02	4.07±8.20	5.00±8.44
生存性初级负性情绪	男	1.70±4.39	1.36±5.41	3.59±4.88	4.71±4.80
	女	5.60±7.02	4.87±6.91	8.70±10.66	10.63±12.17
社会性初级负性情绪	男	−1.22±4.96	−1.27±4.34	0.91±5.54	2.08±5.63
	女	2.03±8.22	1.67±8.14	5.08±11.31	7.39±11.58

表 9-10　P3 波波幅的平均数与标准差(右侧脑区)　（单位：μV）

情绪类别	性别	F4	F8	FC4	C4
内疚情绪	男	1.02±5.84	2.06±5.33	2.47±5.62	3.28±5.46
	女	1.68±5.72	1.03±5.33	3.88±7.46	5.15±6.41
生存性初级负性情绪	男	0.90±4.50	1.58±4.64	2.31±4.99	3.57±5.09
	女	5.35±8.30	1.58±5.94	9.00±10.37	10.92±10.00
社会性初级负性情绪	男	−0.24±5.88	1.35±4.96	0.95±6.11	2.81±5.51
	女	3.04±7.37	0.92±6.67	5.77±10.14	7.23±10.36

的主效应显著($F_{(2)}=4.00, p=0.03$)。从数据上看，生存性初级负性情绪条件下，被试 P3 的波幅更正，且显著大于另两种条件下 P3 波的波幅。同

样以性别和情绪类别为自变量，Cz 电极点 P3 波的波幅为因变量进行重复测量的方差分析，结果发现，性别与情绪类别的交互作用显著（$F_{(2)}=3.87, p=0.03$），情绪类别的主效应显著（$F_{(2)}=5.31, p=0.01$），性别的主效应不显著（$F_{(1)}=1.50, p=0.24$），可见男、女生在不同情绪条件下 P3 波的波幅变化趋势有所不同，具体见图 9-10。

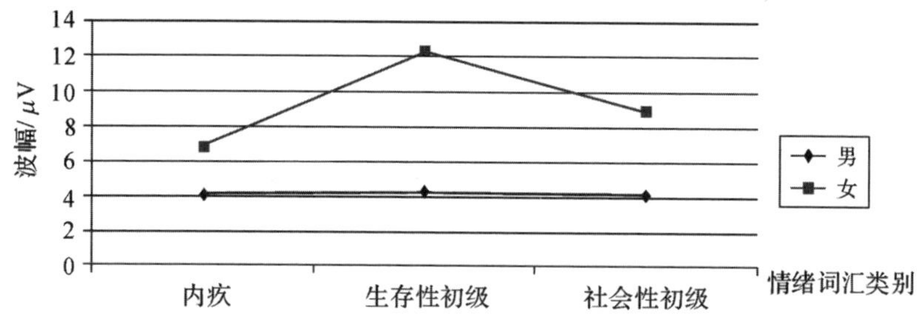

图 9-10　男、女生在不同情绪条件下 Cz 电极点 P3 波的波幅变化趋势

从图 9-10 可以发现，男生在三种条件下 Cz 电极点 P3 波的波幅较为相似，但女生的变化则较大，尤其是在生存性初级情绪条件下 P3 波的波幅最大。以性别和情绪类别为自变量，FPz 电极点 P3 波的波幅为因变量进行重复测量的方差分析，结果发现，各个自变量的主效应不显著，变量之间的交互作用也不显著。

以性别、情绪类别、左右脑区为自变量，P3 的波幅为因变量进行重复测量的方差分析，结果发现，情绪类别的主效应显著（$F_{(2)}=8.64, p=0.01$），情绪类别与左右脑区的交互作用显著（$F_{(2)}=4.85, p=0.01$），其具体变化见图 9-11。

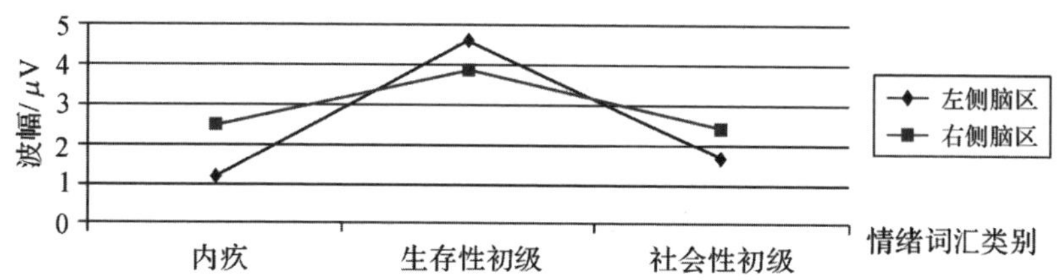

图 9-11　不同情绪类别条件下被试在左右侧脑区 P3 波的波幅变化

从图 9-11 可以直观地看到，左侧脑区和右侧脑区的 P3 波波幅在不同的情绪类别条件下的变化趋势相似，都表现为生存性初级负性情绪词汇条件下的 P3 波的波幅最大，另两种条件下 P3 波的波幅相似。但左侧脑区的变化更大，其 P3 波波幅在不同情绪类别条件下差异显著（$F_{(2)}=13.50$，$p=0.00$），而右侧脑区 P3 波波幅在不同情绪类别条件下差异不显著（$F_{(2)}=2.05$，$p=0.15$）。

第四节　讨论与结论

一、讨论

（一）关于 N1 波的效应分析

N1 波一般是刺激呈现给被试约 100ms 产生的负波，N1 波与注意加工过程密切相关，其潜伏期代表注意加工开始的早晚，Oades 等指出，潜伏期越短，代表自动化加工的程度越高（Oades, et al.，1996）。而波幅的大小则代表了注意分配的多少，N1 波幅越大，表明个体对刺激的主动朝向增强，分配的注意资源增多（Wright, et al.，1995；van der Lubbe, et al.，1997）。

本研究结果表明，不管是男生还是女生，其 N1 波的潜伏期均在 130ms 以上，比以往提出的 N1 波潜伏期更长一些，这可能是以往有关 N1 波潜伏期结果的研究均是以图片为刺激材料，而本研究则是以句子形式呈现，相对于图片而言，句子往往需要的加工时间更长，从而导致 N1 波的潜伏期变长。研究还发现，在生存性初级负性情绪词汇条件下，男生的 N1 波潜伏期要明显短于女生，这表明，男生对于威胁到生存的负性情绪更为敏感，相对于女生，他们会更快关注危害到生命安全的信息，这也能解释为什么在日常生活中，面对危险，男性会更快做出反应。另外，从图 9-8 中我们也发现，女生似乎是在生存性初级负性情绪词汇条件下 N1 波的潜伏期相对于另两种条件下更长，可能是因为本研究用句子的形式呈现情景，对被试的情绪诱发并不如图片直接，而相对于男生而言，女生会对社会性的信息比较敏感，从而导致其在内疚情绪及社会性初级负性情绪条件下的 N1 波潜伏期更短，对该类信息的加工更快。

此外，从 N1 波的波幅结果来看，在 Fz 和左侧脑区的电极点上发现了情绪类别的主效应，而且在三种不同的情绪条件下，社会性初级负性情绪条件下，N1 波的波幅最大，且显著大于另两种情绪条件下 N1 波的波幅，这与我们的假设似乎不相符合，生存性初级负性情绪与个体的生存有关，在加工过程中应该会得到更多的注意资源，但本研究的结果却相反，社会性初级负性情绪反而得到了更多的注意资源。但进一步分析后发现，只有女生在 Fz 和左侧脑区的电极点上的 N1 波幅在不同的情绪条件下差异显著($F_{(2)}=3.93$，$p=0.049$，$F_{(2)}=5.25$，$p=0.02$)，男生则在三种情绪条件下没有差异，而且从女生的数据来看，生存性初级负性情绪和社会性初级负性情绪条件下，N1 的波幅要显著高于内疚情绪条件。这表明，女生在加工初级情绪时明显得到了更多的注意资源，而男生在加工三种情绪时分配的注意资源没有差别。

综合以上分析可以认为，男生和女生在加工三种不同情绪时存在加工速度和注意资源分配上的差异，其中男生对生存性初级负性情绪更为敏感，加工更为迅速，但在分配注意资源和主动朝向方面则没有差异。女生虽然对社会性情绪刺激比较敏感，但在加工时对初级情绪的主动朝向较强并分配更多的注意资源。

(二)P2l 波的效应分析

P2 波代表对刺激的特征觉察，是对刺激的早期感知过程，具体到本研究则反映了个体对刺激的情绪性意义进行初步识别的过程。本研究发现，被试在三种情绪条件下，P2 波的潜伏期和波幅均没有显著差异，但是从波幅的数据来看，生存性初级负性情绪的 P2 波幅最大，这似乎表明相对于另两种情绪来说，个体对生存性初级负性情绪的加工更为深入，但这种差异没有达到显著水平，可能是因为本研究中被试数量较少，且被试之间的数据差异较大，从而导致效应不够明显，这需要在以后的研究中增加被试数量，或者在实验设计时增加试次的数量。

(三)N2 波的效应分析

N2 波反映了对冲突信息识别和抑制等加工过程，能够体现由前额区介导、对负性情绪的抑制性控制过程(张炳蔚，2006)。以往研究发现，行为抑制任务中 N2 波与反应冲突的检测有关，有反应冲突的任务诱发的 N2 波显著大于无反应冲突的任务(Bekker，et al.，2005；Vanveen，et al.，2002)。N2 波的潜伏期代表着反应冲突觉察的速度，而 N2 波的波幅则代表了注意分配的情况(Nagy，et al.，2003；Yuan，et al.，2008)。

在本研究中，不同情绪类别条件下的 N2 波的潜伏期和波幅均没有显著差异，但从数据上来看，生存性初级负性情绪条件下的 N2 波潜伏期要短于另两种情绪条件，该条件下 N2 波的波幅也明显小于另两种情绪条件，这似乎表明个体对生存性初级负性情绪的觉察速度更快，所需的认知资源也更少，使得个体能有更多认知资源做出其他的反应。但这种效应之所以没有达到显著的水平，也可能跟 P2 效应不显著有着相似的原因。

(四)P3 波的效应分析

P3 波是 1965 年由 Sutton 等人研究发现的，一般是在刺激呈现后 300ms 左右出现的正波，该正波是与注意、记忆等加工过程有密切关系的内源性 ERP 成分。P3 波的潜伏期通常会因为任务难度和刺激复杂程度的增加而增加，其波幅的大小与所投入的心理资源的多少呈正相关。本研究的刺激为句子，相对于图片而言更为复杂，判断任务也更为困难，因而

P3 波的潜伏期会相应延长。而且 P3 波是 Oddball 这种实验范式诱发的典型正波,该波与对任务不相关信息的抑制有关,本研究要求被试做出的判断与情绪本身无关,只需对呈现的词汇做出是否是情绪词汇的判断,是对词性的判断,情绪相关信息则需要被抑制。P3 的潜伏期代表的是完成行为抑制控制过程所需的时间(辛勇,等,2010)。

本研究结果发现,女生的 P3 潜伏期明显要长于男生,表明在实验过程中,女生在刺激呈现后被诱发的情绪程度高于男生,因而需要更多的时间完成抑制控制过程。此外,女生在内疚情绪和生存性初级负性情绪条件下的 P3 波潜伏期明显高于社会性初级负性情绪条件,这表明,女生需更多的时间完成对内疚和生存性初级负性情绪的抑制;而男生的 P3 波潜伏期则表现出不同的趋势,他们在生存性初级负性条件下的 P3 波潜伏期更短,这表明男生需更多的时间抑制社会性情绪(内疚和社会性初级负性情绪)。

本研究还发现,P3 波幅在生存性初级负性情绪条件下最大,表明个体在加工该类情绪时投入了最多的认知资源,而且这种效应在 Fz 和 Cz 两个电极点表现得尤为突出,该结果与已有有关行为抑制控制的研究结果较为一致(Donkers, et al. ,2002;Yuan, et al. ,2008)。此外,相对男生而言,女生的这种效应也更为突出,这可能是女生对于负性情绪的识别能力要优于男生,该结果也与已有的研究结果颇为一致(Li,et al. ,2008)。

综合以上结果,可以认为,个体对于三类情绪较为高级的认知加工存在差异,具体表现为,个体对生存性初级负性情绪投入的心理资源最多,而对内疚和社会性初级负性情绪投入的心理资源相对较少,且后两种情绪所获得心理资源较为相似。

二、结论

借助 ERP 技术探讨七年级儿童在激活内疚情绪、生存性初级负性情绪及社会性初级负性情绪的加工过程差异,研究结果发现,儿童对这三类情绪的加工过程差异主要表现在 ERP 的晚期成分及早期成分的性别差异，具体为：

(1)儿童对三类情绪的高级认知加工过程存在差异，相对于社会性情绪(内疚和社会性初级负性情绪)，个体对生存性初级负性情绪投入的心理资源最多，这种差异在左侧脑区更为显著。

(2)儿童对三种不同情绪的早期加工过程存在差异，社会性初级负性情绪得到更多的注意资源，而内疚情绪得到的注意资源最少。

(3)儿童对三种不同情绪的早期加工过程存在性别差异，男生对生存性初级负性情绪的早期加工比较迅速，但在三种情绪上分配的注意资源和主动朝向方面没有差异；女生则对社会性情绪(内疚和社会性初级负性情绪)的早期加工比较迅速，但是在初级情绪(生存性初级负性情绪和社会性初级负性情绪)上的主动朝向较强且分配较多的注意资源。

第十章　研究总结与展望

第一节　总结与讨论

我们采用临床访谈法、现场实验法和认知神经科学技术，设计了7个实验，主要围绕儿童内疚情绪的发展、儿童内疚情绪的影响因素、儿童内疚情绪与初级情绪的发展差异及脑机制四个方面的问题展开，对儿童内疚情绪进行了较为系统的研究，得出了一些有意义的结果，下面就结合所研究的问题和取得的结果展开总结和讨论。

一、儿童内疚情绪的发展特点

实验1的结果表明，儿童对违规行为的道德认知完全符合皮亚杰关于儿童道德认知的发展，即使是5岁的儿童也已经具备了产生内疚这种自我意识情绪所需的认知能力。而且对儿童道德评价的归因分析也发现，随着年龄的增长，从社会规则角度进行评价的比例在不断上升，这又从另一个侧面反映了儿童随着年龄的增长，对社会规则的内化程度在不断加深。根据实验结果，对于内疚不同层次的理解，虽然存在一些年龄差异，但总的说来，儿童即使到了9岁，在没有外界因素的影响下，依然不能很好地理解内疚情绪。Hoffman等人的研究表明儿童在3岁左右就已经产生了内疚情绪，而在我们的实验中儿童到了9岁依然不能很好地理解内疚。一方面可能是，Hoffman是通过儿童的行为来推测儿童是否已经产生了内疚情绪，可能儿童自己还没意识到自己产生了内疚情绪，而我们是通过临床访谈的方法来研究儿童对内疚的理解，儿童除了要意识到内疚情绪，还要谈论内疚情绪，因而理解内疚情绪与产生内疚情绪相比，前者需要更复杂的认知能力。而且随着年龄的增长，儿童虽然能逐渐内化社会规则，但规则内化后不代表马上就能在情绪理解中应用，具备一种能力与使用一种能力并不相同，后者往往要滞后于前者。另一方面，正如人际交往的观点，内疚是依赖于交往情景的情绪，因而在没有外界影响的情况下，儿童即使自己对违规行为的道德评价已经与成人相似，但这种儿童自身对违规行为的外显的道德评价并不影响儿童对内疚的理解，而且他们对于内疚这样一种道德情绪的理解相对滞后于对道德规则的认知。

儿童自身对违规行为的外显的道德评价总的来说并不影响儿童对内疚情绪的理解，在加入了被试自身对违规行为的外显的道德评价后，理解内疚情绪的比例很少。因而儿童自身的因素似乎并不影响他们对内疚情绪的理解，这与内疚理论中注重内部因素的理论不相符，持该理论观点的心理学家(如弗洛伊德)认为，内疚完全是个体内部冲突的产物，其他的心理学家也认为一旦道德标准和禁令学会了，内疚就会变成自我评价的个体内部的事情了(Jones,et al.,in press)。而我们的实验1结果却表明，儿童即使到了9岁，已经内化了道德标准，能对违规行为做出符合道德标准的判断，但是他们对违规者情绪的判断仍然是依据行为的结果。

为有效诱发儿童的内疚情绪，实验2中，在编写临床访谈故事之前访谈和调查了小学生的家长和老师以获得真实的访谈故事。研究结果表明，小学儿童在不同情景中会表现出不同的内疚情绪的理解能力，他们在学业情景中表现出更好的内疚情绪理解能力。这进一步表明产生内疚情绪与理解内疚情绪并不同步，起码在不同情景中表现出不同的发展特点。然而，内疚情绪更多发生在人际交往情景中，如何在人际交往情景中促进儿童内疚情绪理解的发展，这便需要探讨人际因素是否会影响儿童内疚情绪理解的发展。

二、人际因素对儿童内疚情绪的影响

(一)外在评价对儿童理解内疚情绪的促进作用

外在评价中我们加入了两个因素：老师的评价和同伴的评价。实验3的结果表明，老师的评价会影响儿童对身体侵犯故事中违规者内疚情绪三个层次的理解，但是这种影响更多地体现在7岁和9岁儿童身上。在加入了老师评价这个因素后，7岁和9岁儿童理解内疚三个层次的比例明显增加。从这个结果我们可以发现，人际交往的因素确实能影响儿童对内疚情绪的理解，这个结果支持了Lewis等人的观点。实验中采用身体侵犯行为，是因为该类行为的违规程度相对较深，而且也比较外显，因而老师的评价比较容易唤起儿童的内疚情绪，促进7岁和9岁儿童对内疚三个层次的理解。因而我们认为，虽然内疚是一种社会性情绪，对内疚的理解更多地会受到人际交往因素的影响，但是这种影响也必须以儿童具备一定的认知能力，可以将这些人际交往因素作为其理解内疚情绪的有效线索为前提的。老师的评价对儿童理解内疚情绪产生了一定的促进作用，但是这种作用是由于老师的评价是外在给予的，还是老师的权威性起到了这种促进作用？这在实验3中无法证实。

因而在实验4中我们加入了同伴的评价，以此来了解儿童对内疚情绪的理解到底是受到外在评价的影响还是仅仅是老师的权威性对此产生的作用。从实验4的结果，我们发现，外在评价影响9岁儿童对内疚第一、第二层次的理解，但不影响11岁儿童对内疚情绪的理解，而且同伴的评价和老师的评价产生的影响是相似的，可见对于9岁儿童来说，只要存在外在评价，都能促进他们对内疚的理解。而11岁儿童，由于其在成长过程中内化了社会标准，而且在判断违规者情绪时能使用这些标准，已经有了自己独立的判断标准，因而虽然加入了外在的评价，也不影响他们对内疚的理解。

（二）对方反应对儿童内疚情绪理解的促进作用

在对内疚第一层次的理解中，两种类型的故事，对方反应都没有显著的影响作用，而在对内疚第二层次和第三层次的理解中，对方反应影响 5 岁和 9 岁儿童对内疚第二层次和第三层次的理解。在加入了对方的反应之后，有更多的人理解内疚的第二层次和第三层次。这可能是因为研究中采用了身体侵犯的违规行为，对方的反应非常直观，很容易被儿童注意到，这也符合该阶段儿童具体形象思维的特点。

对方反应对 7 岁儿童理解内疚情绪并不产生影响作用，但会影响 5 岁和 9 岁儿童内疚情绪的理解。这可能是因为，5 岁儿童在评价事物时往往是从事物的一个方面进行评价的，这体现在他们的自我表征中，这个时期的儿童在对自我进行表征时也是单维的，因而当故事中没有任何外界的影响因素时，他们往往根据行为的结果是否有利于违规者来理解违规者的情绪。而加入了对方反应后，他们可能仅仅根据对方反应来理解，从而忽视了行为的结果是否有利于违规者，因而加入对方反应之后，有更多的人理解了内疚情绪。而 7 岁儿童可能正好处于一个转折时期，他们既考虑到了结果是否有利于违规者，又考虑到了对方反应，但是在理解违规者情绪时，不知道该根据哪个因素来判断，处于一种矛盾之中，因而对方反应这个因素对 7 岁儿童在理解内疚情绪的影响作用不显著，而 9 岁儿童在理解违规者内疚情绪时，已经整合了两方面的信息，所以对方反应这个因素的影响作用又更为明显。

对方反应和外在评价都能影响儿童对内疚情绪的理解，这在某种程度上也支持了自我意识情绪发展的动态网状模型，儿童自我意识情绪的发展是生物、个人及社会文化因素动态相互作用的结果。既然儿童自我意识情绪的发展要受到外界因素的影响，儿童对该情绪的理解也必然受到大量外界因素(如人际交往因素)的影响。而且我们 2 个实验的结果都表明了儿童在理解内疚时确实要受到人际交往因素的影响。总体来说,人际因素会促进儿童内疚情绪的理解,这个结果支持了 Lewis 等人的观点。

总之,根据我们的实验结果,5 岁儿童几乎不能理解内疚情绪,不管是否加入自身评价、外在评价,还是对方的反应,他们对于道德情绪的理解很少受到外界的影响,他们对道德情绪的理解依然处于“自我中心”阶段。虽然老师在他们心目中是权威人物,但是对于内疚这样比较复杂的情绪,他们可能还只能依据单维的信息进行判断,不能整合多方面的信息,这也与该阶段儿童的自我表征相一致,该阶段儿童的自我表征的内容也非常单一。而 7 岁和 9 岁的儿童,随着他们认知能力的不断发展,整合信息的能力也在不断提高,所以外在的评价和对方的反应会成为他们理解内疚情绪的有效线索,他们对于道德情绪的理解已经处于“他律期”。而且不管是老师的评价还是同伴的评价,都能促进他们对内疚情绪的理解,因而他们在对道德情绪理解时不仅仅服从于权威的评价,同伴之间的交往是该阶段儿童主要的交往方式,因而同伴的评价也会成为他们理解道德情绪的一个主要依据,这也从某种程度上说明了内疚情绪确实是一种社会化情绪。此外,11 岁儿童在理解内疚时不受外在评价的影响,他们对于道德情绪的理解已经处于“自律期”,即使外在评价不出现,他们也具备了独立的判断标准,促进自己对内疚情绪的理解。虽然我国儿童对道德情绪的理解与皮亚杰认为儿童对道德规则的认知发展阶段有相似的发展趋势,但前者要滞后于后者,而且我们的实验结果表明,虽然 11 岁儿童在理解内疚情绪时不受外在评价的影响,但是其理解内疚人数比例还是比较低,这与柯尔伯格的观点基本一致,他认为个体至少是青年期人格成熟之后才能达到后习俗水平(完全自律),而且即使是成人也只有少数人能达到。

三、儿童内疚情绪与初级情绪的发展差异

在已有的情绪文献中,研究者更多集中于那些有生物基础的、与其他

动物共享的、整个物种都会体验到的情绪，而且是可以通过具体的、普遍能识别的脸部表情辨认的，即不需要依赖内部体验就能报告出来的情绪(Davidson,2001;Ekman,et al.,1983;Rogan,1996;Panksepp,1998)。因此，只有一小部分在我们自然语言中提及的情绪如愤怒、害怕、难过、悲伤、高兴和惊讶被认为是重要的(Ekman,1992;Izard,1971)。这六种情绪被称为基本情绪，或是初级情绪，因为它们有生物基础、比较普遍，而且在情绪家族中处于较低的水平(Johnson-Laird, et al.,1989; Shaver, et al.,1987)。相反，自我意识情绪不具有普遍性，由于他们的诱因、现象学体验和结果在不同的文化中并不相同(Eid, et al.,2001;Kitayama, et al.,1995;Menon, et al.,1994)，所以很少有证据表明自我意识情绪具有跨文化可识别的脸部表情(Ekman,1992)。而且，自我意识情绪在语言学的类别中包含于基本情绪之中，如悲伤包含了羞愧、高兴包含了自豪(Shaver, et al.,1987)。此外，方法上的障碍也会阻碍自我意识情绪研究的开展(Lewis,et al.,1989)。相对于初级情绪，在实验室诱发自我意识情绪更为困难。在初级情绪的研究中，研究者经常用照片、电影短片等进行诱发，但很少能诱发自我意识情绪。的确，要让所有被试都通过想象一个与伦理有关的操作来产生羞愧是比较困难的，部分原因可能是自我意识情绪要求更复杂的心理，而且更为个人化，即使自我意识情绪能够被诱发，测量这些情绪也比较困难。

近年来，由于研究方法的不断改进，从自然情景下的观察法、父母报告法到实验室的实验法，Tangney 和她的同事开发了自我报告法(Test of Self-conscious Affect-3)(Tangney,et al.,2000)。随后，通过无语言的行为来测量即时的自我意识情绪的标准化程序也开始被开发出来(Keltner,1995;Tracy, et al.,2004)。呈现的刺激材料也有了新的发展，如图片、故事、单词等。另外，脑成像技术的不断成熟也使得自我意识情绪的研究得到了较大的发展。已有的自我意识情绪的研究表明，儿童基本上要到 6 岁以后才有可能发展出自我意识情绪的识别和理解能力(Tracy,et al.,

2005,2006;Denise, et al.,2006;陈琳,等,2007)。

内疚作为自我意识情绪的一种,其产生和发展往往要依赖于个体自身的经历、期望和文化背景,已有的内疚情绪的研究多涉及成人,且大多是在西方文化中展开。已有儿童情绪理解的研究却发现,大多数儿童到6岁就已具备良好的初级情绪理解能力。儿童对内疚情绪与初级情绪的理解在发展上可能存在很大的差异。另外,Jessica等(2004)提出初级情绪与自我意识情绪(包括内疚、自豪、羞愧)在发展趋势和社会意义方面均存在极大的差异,但这些差异的具体表现是什么?

实验5中我们采用临床访谈法系统探讨了儿童对初级情绪与内疚情绪的理解差异。研究结果表明,小学儿童内疚情绪的理解能力与其初级情绪的理解能力存在较大的差异。小学一年级儿童内疚情绪的理解能力远远低于其对初级情绪的理解,但随年龄的增长,小学儿童对内疚情绪的理解逐渐接近于对初级情绪的理解。内疚与初级情绪中难过、害怕等同属于消极情绪,根据消极状态释放模型,个体会通过积极帮助他人以消除自己的不良状态。因而,难过和内疚这两种消极情绪与个体助人行为会产生相同的效应,但实验5的结果表明小学儿童对内疚和难过的理解能力存在发展差异,而且Jessica等提出内疚这种自我意识情绪相对于难过而言更具有社会适应的意义。因而难过和内疚这两种消极情绪对个体的助人行为可能会产生不同的效应。

为此,在实验6中,我们考察了难过情绪与内疚情绪对个体亲社会行为水平的影响。在实验2中,我们发现小学五年级儿童在学业情景中已能较好理解内疚情绪,因此在实验6中,我们以小学五年级儿童为研究对象,以学业情景为研究材料,采用现场研究的方法探讨了儿童内疚情绪与难过(初级情绪)对其亲社会行为的影响。结果发现,难过情绪不能促进儿童亲社会行为水平的提高,内疚情绪则能促进儿童亲社会行为水平的提高。具体分析两者之间的差异可以发现,小学儿童在难过情绪状态下,更关注的是其自己外在的不良结果,而在内疚情绪状态下,则更关注的是自己的不良行为给团体带来的不利影响，该结果也支持了 Jessica 等提出的自我意识情绪的理论模型。该模型指出当个体将事件归因于与自己有关的外部因素时，会产生初级情绪（如难过），而如果个体将事件归因于与自己有关的内在因素（如自己的不良行为），则会产生自我意识情绪（如内疚）。这也能解释为何两种不同的消极情绪状态对个体亲社会行为水平产生的作用不同，因为 Rosenhan 等人（1981）就曾提出过，个体在消极情绪状态下注意力集中的对象不同，对助人行为的影响也不尽相同。

综合实验 5 和实验 6 的结果，我们可以发现，小学儿童内疚情绪和初级情绪的发展差异如下：小学儿童对内疚情绪的理解能力低于对初级情绪的理解能力，而且两者对个体亲社会行为水平的影响也不尽相同。内疚情绪对于个体而言更具有社会适应的意义，更具有服务于社会需求的功能，促使个体社会化程度的加深。可见小学儿童内疚情绪与初级情绪的发展差异不仅表现在其理解能力上，还表现在对个体社会化的作用方面。

四、儿童内疚情绪与初级情绪神经机制初探

有关情绪的行为研究表明，个体在加工情绪性信息时存在负性偏向的现象，这可能是因为负性刺激对于个体的生存更为重要，能获得一种加工的优先权。脑电的研究也证明了负性偏向的存在。而且国内学者李红等研究发现，个体在加工情绪性信息时不仅存在负性偏向的现象，即使对于不同程度的负性情绪，其脑电成分也会有较大的差异。这表明，人脑对于不同强度的负性情绪具有显著不同的加工趋势（Yuan, et al.，2007）。内疚与初级情绪中的负性情绪同属于消极情绪，但实验 5 和实验 6 的结果发现两者在发展趋势、对亲社会行为的影响方面存在很大的差异，我们有理由相信这两类情绪的神经机制也会有所不同。

此外，内疚属自我意识情绪，与自我有密切的关系，已有的有关自我的 ERP 研究发现，个体在加工与自我相关的信息时，在 ERP 的多个成分上均显示出与加工自我不相关信息的不同，如 Miyakoshi 和 Ohira（2007）考

察了在目标再认任务中，个体对自我相关刺激与自我不相关刺激加工时的ERP成分，结果发现，个体加工自我相关刺激时，会得到更多的认知资源。Hu，Wu和Fu(2011)在考察说谎的神经机制时发现，相对于他人参照信息，自我参照信息诱发了更大的P2和P3波。Tacikowski和Nowicka(2010)发现相对于呈现他人的脸和他人姓名的刺激，个体在自己的姓名和自己脸的刺激上分配了更多的注意资源。相对于初级情绪而言，内疚情绪的产生与发展依赖于多个自我评价过程。已有的研究也表明，个体在加工自我相关信息时有其独特的神经机制，由此我们可以推测，个体的内疚情绪与初级情绪也可能存在不同的神经机制。

实验7借助ERP技术探讨了七年级儿童对内疚情绪、社会性初级负性情绪和生存性初级负性情绪加工过程的差异。研究结果发现，男、女生在对三类情绪性信息加工的早期阶段存在显著性差异。男生对于生存性初级负性情绪更为敏感，加工速度更快，但对三类情绪的注意资源分配和主动朝向方面没有差异；而女生则对社会性情绪(内疚情绪和社会性初级负性情绪)的加工更为迅速，但在初级情绪(生存性初级负性情绪和社会性初级负性情绪)上分配的注意资源较多，并能主动朝向这两类情绪。对这三类情绪的高级认知加工阶段，不管是男生还是女生，均对生存性初级负性情绪投入的心理资源最多，而且相对于右侧脑区而言，左侧脑区在加工生存性初级负性情绪时投入的心理资源更多，这表明在对情绪性信息进行高级的认知加工时，生存性情绪与社会性情绪的神经机制可能并不相同，且这种差异在左侧脑区更为明显。

总体来说，实验7的结果表明，儿童在加工内疚情绪和初级情绪时，在早期初级的加工阶段和高级认知加工阶段均存在差异，表明这两类情绪确实存在不同的神经机制，尤其是在高级认知加工阶段，生存性初级负性情绪会得到更多的心理资源。当个体遭遇两类情绪信息时，个体的心理资源会较多地被初级情绪尤其是生存性初级情绪所吸引，特别是在某个规定时间内需要迅速做出判断的情况下，生存性初级负性情绪会吸引更多的认知资源，以保障个体自己的生存。但是就情绪性信息的加工过程来看，内疚这种自我意识情绪需要相对更多的认知资源，才能完成复杂的认知加工过程。这也能解释为什么在儿童情绪发展过程中，首先出现的是初级情绪，随着年龄的增长，认知能力不断提高以后才会出现自我意识情绪。

第二节　主要研究结论

内疚情绪是自我意识情绪的一种，同时也是道德情绪，虽然从情绪效价上看，是消极情绪，但却有着积极的社会意义，有助于个体维持良好的人际关系，促进个体的社会化，帮助个体适应社会环境。但儿童的内疚情绪有怎样的发展特点？儿童的内疚情绪与初级情绪在发展过程中有何不同？在人际交往情景中，人际因素如何影响儿童的内疚情绪？内疚情绪与初级情绪的神经基础是否相同？这些问题都缺乏实验研究。

鉴于以上这些问题，本书的系列研究采用调查法、临床访谈法、现场实验法和认知神经科学技术（ERP）对儿童的内疚情绪发展及其影响因素进行了系统研究，共包括四个部分七个实验，现将这些研究结果整理如下。

一、儿童内疚情绪理解的发展趋势

第一部分采用临床访谈法考察了儿童内疚情绪理解的发展特点，结果显示：

（1）5～9岁儿童对违规者能进行符合社会道德规则的道德评价，已具备产生内疚情绪的道德认知能力；人际交往情景中，5～9岁儿童多从行为产生有利于违规者的结果来理解违规者的情绪，尚不能理解内疚情绪。

（2）最能诱发小学儿童内疚情绪的情景主要为学业情景和人际交往情景。

（3）与人际交往情景相比，小学儿童在学业情景中表现出更高的内疚情绪理解能力，且在学业情景中，一年级到三年级是小学儿童内疚情绪理解能力快速增长时期。

二、人际因素对儿童内疚情绪理解的影响

第二部分主要采用临床访谈法，探讨在人际交往情景中，教师评价、对方反应（实验 3）和外在评价（实验 4）对儿童内疚情绪理解是否存在影响，结果显示：

（1）人际交往情景中，教师评价对 5～9 岁儿童内疚情绪的理解产生不同的促进作用。对 5 岁儿童，教师评价只能促进其对内疚情绪第一层次的理解；但教师评价能促进 7 岁和 9 岁儿童对内疚三个层次的理解。

（2）教师评价与同伴评价对 9 岁儿童内疚情绪理解表现出相同的促进作用，但对 11 岁儿童不存在影响作用。

（3）在人际交往情景中，对方反应对 5～9 岁儿童内疚情绪理解产生不同的促进作用。对方反应促进 9 岁儿童对内疚三个层次的理解，但对 5 岁和 7 岁儿童内疚情绪的理解方面却没有表现出一致的影响。

三、儿童内疚情绪与初级情绪的发展差异

第三部分采用临床访谈法、现场实验法探讨儿童内疚情绪与初级情绪的发展差异，分别从对两类情绪理解的发展差异（实验 5）和两类情绪对亲社会行为的不同影响（实验 6）两个方面展开研究，结果显示：

（1）小学儿童的初级情绪理解能力好于内疚情绪的理解能力，一年级小学儿童已经能够很好理解初级情绪，且在整个小学阶段一直保持较高的理解水平。

（2）小学儿童初级情绪的理解能力明显高于内疚情绪的理解能力，随年龄增长，小学儿童内疚情绪的理解能力逐渐提高，并不断接近初级情绪的理解能力。

（3）初级情绪难过与内疚情绪对儿童亲社会行为水平的影响不同，前

者不能促进儿童亲社会行为水平的提高，而后者能促进儿童亲社会行为水平的提高。

(4)当个体将注意力集中于不同方面时，产生的情绪状态也有所不同。儿童将注意力集中于外在不良后果时，会产生难过情绪；但将注意力集中于自己的不良行为时，则产生内疚情绪。

四、儿童内疚情绪与初级情绪的神经机制

第四部分采用ERP技术，初步探讨儿童内疚情绪和初级情绪的神经基础，采用oddball的实验范式，分析不同情绪状态下的脑电成分，结果显示：

(1)儿童对初级情绪和内疚情绪的加工差异主要表现在高级认知加工过程中，儿童对生存性负性情绪投入的心理资源最多，这种倾向在左脑最为明显。

(2)对初级情绪与内疚情绪的早期加工阶段，男生与女生表现出不同的发展趋势。男生对生存性负性情绪的早期加工比较迅速，但在不同情绪类型上分配的注意资源和主动朝向上没有差异；女生则对社会性情绪的早期加工比较迅速，但在初级情绪上的主动朝向较强且分配较多的注意资源。

第三节　研究的局限与未来展望

我们采用多种实验手段，设计了一系列实验，系统探讨了儿童内疚情绪理解的发展特点、影响因素，分析儿童内疚情绪与初级情绪的发展差异及认知神经机制等方面的问题，努力做到以下几点：

第一，虽然有关初级情绪发展的研究多数以儿童为研究对象，针对自我意识情绪的发展也有不少理论方面的探讨，但有关儿童自我意识情绪发

展的实证研究相对较少。本研究创造性地以儿童为研究对象，探讨他们内疚情绪理解的发展特点及影响因素，同时还探讨儿童对初级情绪与内疚情绪之间的差异，揭示了儿童这两类情绪的发展差异，这为全面了解儿童情绪发展提供了强有力的研究基础。

第二，本研究创造性地应用不同的研究范式考察了儿童内疚情绪与初级情绪的差异。以往有关自我意识情绪的研究多数采用问卷调查的方法，而本研究采用临床访谈的方法探讨了儿童内疚情绪的发展趋势、影响因素及与初级情绪理解能力的发展差异，相对于问卷调查而言，能更为深入考察儿童对内疚情绪的理解状态；而且以往有关自我意识情绪的研究多数考察的是自我意识情绪的影响因素、自我意识情绪与其他变量的关系或是特殊群体的自我意识情绪能力，很少有研究关注其内在加工过程的神经机制。本研究用 ERP 技术深入探讨了儿童对内疚情绪与初级情绪的内在认知加工过程，这从某种程度上来说是该领域方法上的创新。

第三，以往有关儿童情绪的研究多数以初级情绪为主，即使有研究涉及自我意识情绪，也都缺乏系统性，本研究从实证角度创造性地将内疚情绪作为研究内容，并将内疚情绪与初级情绪放在一起进行考察，从而深入揭示儿童内疚情绪的发展特点及影响因素，同时还考察内疚情绪与初级情绪的发展差异及其神经机制。一方面能为我们全面了解儿童的情绪发展提供实证的研究证据；另一方面也使我们对自我意识情绪有更为深入的认识。此外，本研究还创造性地采用 ERP 技术对儿童加工两类不同情绪的内部神经机制进行了初步的探讨，得到了一些有价值的结论。

尽管我们采用多种方法对儿童的内疚情绪展开了系统的研究，但由于主客观条件的限制，仍存在许多局限和问题，有待以后进一步研究。

第一，结合生理指标等更客观的指标来探讨自我意识情绪的发展。

情绪反应的测量通常包括主观体验、生理反应、表情行为三种方法。这三种方法有其自身的优势，也有其劣势，如果在研究中能巧妙地将这三种测量手段结合起来，将会得到更为客观、更加真实的研究结果。在本研究中，主要运用了被试主观报告、ERP 技术等进行研究，考虑到自我意识情绪没有统一对应的面部表情，因此没有测量被试的表情行为，也没有测量其情绪反应的生理指标。但主观报告可能会产生社会赞许效应，ERP 技术则可能存在诱发情绪的程度无法掌控的情况出现，且由于该类范式是初次尝试，存在较多的不可控因素。尤其是在实验 7 中，未能得到 P2 和 N2 成分上的差异，很大可能是由于被试数量的不足，或是试次相对较少导致的。总之，在未来的研究中，需要对自我意识情绪的表情信息进行深入探讨，同时结合自主神经系统与中枢神经系统方面多个生理指标，再结合被试的主观报告，则能更为客观地评价情绪反应。

第二，综合运用 ERP 与 fMRI 技术深入揭示自我意识情绪的神经机制。

结合 ERP 和 fMRI 技术，既可以利用 fMRI 技术的空间定位优势，精确找到自我意识情绪的相关脑活动区域，又可以利用 ERP 技术的时间定位优势，快速捕捉与认知活动相联系的神经活动，从而能更好地揭示儿童自我意识情绪的神经机制。本研究借助 ERP 技术初步探讨了儿童内疚情绪与初级情绪的认知加工过程差异。在未来研究中，我们可以结合 fMRI 技术进一步考察儿童在加工自我意识情绪与初级情绪时的脑活动区域，从而为全面了解儿童的情绪发展提供神经机制上的佐证。

第三，探讨在自然情景中考察自我意识情绪，使研究结果更具生态效度。

对情绪的研究，最好的研究手段便是在自然情景中进行观察，并加以分析，从而能更真实地获得情绪性信息。本研究对情绪的考察多数采用自我报告法。在未来的研究中，我们可以尝试设置不同的情景，通过摄像设备录制被试在整个情景中的表现，发展出分析自我意识情绪表情及肢体表情的系统，以便能更准确地分析个体的自我意识情绪，从而使研究结果更具生态效度。

参考文献

蔡迎春,2004.幼儿情绪理解能力及其相关因素的研究[D].杭州:浙江大学.

曹亮,陈巍,赵晶,2007.情绪的脑机制研究在社会认知神经科学中的进展[J].现代生物医学进展,7(7):1096-1098.

陈璟,李红,2008.幼儿心理理论愿望信念理解与情绪理解关系研究[J].心理发展与教育(1):7-13.

陈琳,桑标,王振,2007.小学儿童情绪认知发展研究[J].心理科学,30(3):758-762.

陈少华,郑雪,2000.亲社会情境中儿童道德情绪判断及归因模式的实验研究[J].心理发展与教育(1):19-23.

陈英和,白柳,李龙凤,2015.道德情绪的特点、发展及其对行为的影响.心理与行为研究,13(5):627-636

陈友庆,孙秀文,2013.7～12岁儿童违规内疚和虚拟内疚理解能力的发展特点[J].南京晓庄学院学报(2):54-57

程九清,高湘萍,2004.不同意识水平下的情绪启动[J].心理科学,27(6):1506-1508.

丁方,郭勇,2010.儿童心理理论、移情与亲社会行为的关系[J].心理科学,33(3):660-662.

丁芳,周鋆,胡雨,2014.初中生内疚情绪体验的发展及其对公平行为的影响[J].心理科学,37(5):1154-1159.

樊召锋,俞国良,2008.自尊、归因方式与内疚和羞耻的关系研究[J].心理学探新,28(4):57-61.

方平,陈满琪,姜媛,2006.情绪启动研究的实验范式[J].心理科学,29(6):1396-1399.

冯晓杭,张向葵,2007.自我意识情绪:人类高级情绪[J].心理科学进展,15(6):878-884.

高学德,周爱保,宿光平,2008.反事实思维与内疚和羞耻的关系:以大学生和青少年罪犯为例[J].心理发展与教育(4):113-118.

何洁,徐琴美,2007.幼儿对生气和伤心情绪倾向同伴的接受性比较[J].心理科学,30(5):1229-1232.

何洁,徐琴美,2009.幼儿生气和伤心情绪情景的理解[J].心理学报,41(1):62-68.

侯超,2007.儿童情绪表达规则的研究综述[J].黑龙江教育学院学报,26(2):74-76.

侯超,2007.小学儿童情绪表达规则认知发展及其与同伴关系、社会行为的关系[D].济南:山东师范大学.

侯瑞鹤,俞国良,2006.儿童对情绪表达规则的理解与策略的使用[J].心理科学,29(1):18-21.

侯瑞鹤,俞国良,林崇德,2004.儿童对情绪表达规则的认知发展[J].心理科学进展,12(3):387-394.

黄宇霞,罗跃嘉,2004.负性情绪刺激的反应启动效应事件相关电位的实验研究[J].中国康复医学杂志,20(9):648-651.

姜春萍,周晓林,2004.情绪的自动加工与控制加工[J].心理科学进展,12(5):688-692.

寇彧,徐华女,2005.移情对亲社会行为决策的两种功能[J].心理学探新,25(3):73-76

冷冰冰,王相玲,高贺明,等,2015.内疚的认知和情绪活动及其脑区调控[J].心理科学进展,25(12):2064-2071.

李好好,2014.儿童对内疚情绪与羞耻情绪理解的研究回顾与展望[J].科教导刊(1):201-202.

李佳,苏彦捷,2004.儿童心理理论能力中的情绪理解[J].心理科学进展,12(1):37-44.

李兰,黄柳双,肖丽辉,等,2008.图片和词语阈下情绪启动效应的比较[J].中国临床心理学杂志,16(5):495-497.

李正云,李伯黍,1983.4～10岁儿童道德情绪归因研究[J].心理科学,16(5):274-278.

刘鼎,姚树桥,2006.杏仁核对情绪显著性长时记忆巩固过程的调节[J].中国行为医学科学,15(7):664-666.

刘国雄,方富熹,2007.幼儿对基于信念的惊奇情绪的认知发展[J].心理学报,39(4):662-667.

刘金梅,2009.不同虚拟内疚类型下青少年亲社会行为选择研究[D].兰州:西北师范大学.

柳恒超,许燕,周仁来,2010.阈下启动的恐惧和厌恶情绪对人际判断的影响[J].心理学探新,30(1):37-41.

罗跃嘉，古若雷，陈华，等，2008. 社会认知神经科学研究的最新进展[J]. 心理科学进展，16(3)：430-434.

罗跃嘉，黄宇霞，李新影，等，2006. 情绪对认知加工的影响：事件相关脑电位系列研究[J]. 心理科学进展，14(4)：505-510.

罗峥，郭德俊，2002. 当代情绪发展理论述评[J]. 心理科学，25(3)：310-313.

孟昭兰，2000. 体验是情绪的心理实体：一个体情绪发展的理论探讨[J]. 应用心理学，6(2)：48-52.

潘发达，2005. 情绪归因研究的现状与未来发展[J]. 太原师范学院学报(社会科学版)，4(4)：140-142.

桑标，陈琳，王振，2006. 运用反应时探究小学生情绪认知发展特点[J]. 中国心理卫生杂志，20(12)：828-830.

施承孙，1997. 易羞耻者的归因方式和应付风格[D]. 北京：北京大学.

施承孙，钱铭怡，1999. 羞耻和内疚的差异[J]. 心理学动态，7(1)：35-38.

宋尚桂，佟月华，2009. 小学儿童情绪理解的发展特点[J]. 心理科学，32(3)：709-711.

孙铭鸿，2015. 初中生内疚情绪对其禁止性道德行为和指定性道德行为的影响[D]. 沈阳：沈阳师范大学.

孙少英，2011. 初中生的内疚诱发情景及内疚心理过程[D]. 上海：华东师范大学.

唐洪，张梅玲，施建农，2001. 社会认知因素对儿童有关损人者情绪归因的影响[J]. 心理学动态，9(2)：141-145.

王蓓，2003. 虚拟内疚的机制及其德育价值的研究[D]. 南京：南京师范大学.

王丽娟，刘凤玲，2009. 儿童情绪表达规则认知能力研究述评[J]. 心理科学，32(3)：661-662.

王昱文，王振宏，刘建君，2011. 小学儿童自我意识情绪理解发展及其与亲社会行为、同伴接纳的关系[J]. 心理发展与教育(1)：65-70.

辛勇，李红，袁加锦，2010. 负性情绪干扰行为抑制控制：一项事件相关电位研究[J]. 心理学报，42(3)：334-341.

徐琴美，鞠晓辉，2004. 7～11 岁小学生对学习成功和失败的情绪反应与情绪归因研究[J]. 中国临床心理学杂志(12)：239-243.

徐琴美，鞠晓辉，2005. 9～11 岁儿童对失败学习情景的情绪反应和情绪表达研究[J]. 心理科学，28(2)：447-450.

徐琴美，张晓贤，2003. 5～9 岁儿童内疚情绪理解的特点[J]. 心理发展与教育(3)：29-34.

徐琴美，何洁，2006. 儿童情绪理解发展的研究述评[J]. 心理科学进展，14(2)：223-228.

徐琴美，鞠晓辉，2004. 7～11 岁小学生对学习成功和失败的情绪反应与情绪归因研究[J]. 中国临床心理学杂志，2(3)：239-243.

杨丽珠，董光恒，金欣俐，2007. 积极情绪和消极情绪的大脑反应差异研究综述[J]. 心理与行为研究，5(3)：224-228.

于瑛琦，2013. 婴儿内疚的发生研究[D]. 大连：辽宁师范大学.

余宏波，刘桂珍，2006. 移情、道德推理、观点采择与亲社会行为关系的研究进展[J]. 心理发展与教育，22(1)：113-116.

俞志芳，2007. 亲社会情境中小学儿童道德情绪判断及其归因研究[J]. 心理学探新，2(27)：54-57.

张炳蔚，2006. 晚发性抑郁患者情绪调节机制的 ERPs 研究[D]. 大连：大连医科大学.

张婕，2003. 责任性内疚的影响因素研究[D]. 郑州：河南大学.

张晓贤，2012. 儿童内疚情绪与初级情绪的发展差异[D]. 上海：华东师范大学.

张智，李鹏，姬兴涛，2004. 内疚与羞耻之现象学差异的初步比较[J]. 云南师范大学学报(哲学社会科学版)，36(3)：100-104.

张智，李鹏，姬兴涛，2004. 内疚与羞耻之现象学差异的初步比较[J]. 云南师范大学学报(哲学社会科学版)，36(3)：100-104.

赵景欣，申继亮，张文新，2006. 幼儿情绪理解、亲社会行为与同伴接纳之间的关系[J]. 心理发展与教育(1)：1-6.

郑希付，2003. 不同情绪模式的图片刺激启动效应[J]. 心理学报，35(3)：352-357.

周念丽，2013. 0～3 岁儿童观察与评估[M]. 上海：华东师范大学出版社.

周念丽，2014. 13～36 个月儿童情绪表达和理解障碍的早期筛查与干预[J]. 中国计划生育学杂志，22(3)：213-216.

卓美红，2008. 2～9 岁儿童情绪理解能力的发展研究[D]. 杭州：浙江大学.

Abramson L Y, Seligman M E, Teasdle J P, 1978. Learned helplessness in humans: critique and reformulation[J]. Journal of Abnormal Psychology, 78(1): 49-74.

Adolphs R, Tranel D, Damasio A R, 1998. The human amygdale in social judgement[J]. Nature, 393(6684): 470-474.

Albertsen E J, O'Connor L E, Berry J W, 2006. Religion and interpersonal guilt:

variations across ethnicity and spirituality[J]. Mental Health, Religion & Culture, 9 (1):67-84.

Amodio D M, Devine P G, Jarmon-Jones E, 2007. A dynamic model of guilt: implications for motivation and self-regulation in the context of prejudice [J]. Psychological Science, 18(6):524-530.

Amrisha V, Tobias G, Amanda W, 2008. Not all emotions are created equal: the negativity bias in social-emotional development[J]. Psychological Bulletin, 134(3): 383-403.

An S K, Lee S J, Lee C H, et al., 2003. Reduced P3 amplitudes by negative facial emotional photographs in schizophrenia[J]. Schizophrenia Research, 64(1): 125-135.

Arsenio F, Kramer R, 1992. Victimizer and their victims: children's conceptions of the mixed emotional consequences of moral transgressions[J]. Child Development(63): 915-927.

Ausubel D P, 1955. Relationships between shame and guilt in the socializing process[J]. Psychological Review, 62(5), 378-390.

Banse R, Scherer K R, 1996. Acoustic profiles in vocal emotion expression[J]. Journal of Personality and Social Psychology, 70(3):614-636.

Bargh J A, Chaiken S, Govender R, et al., 1992. The generality of the automatic attitude activation effect[J]. Journal of Personality and Social Psychology, 62(6):893-912.

Baron D P, Besanko D, 1984. Regulation, asymmetric information, and auditing[J]. The RAND Journal of Economics, 15(4): 447-470.

Baron R A, Thomley J, 1994. A Whiff of reality: positive affect as a potential mediator of the effects of pleasant fragrances on task performance and helping[J]. Environment and Behavior, 26(6):766-784.

Baron-Cohen S, 1998. Does the study of autism justify minimalist innate modularity[J]. Learning and Individual Differences, 10(3): 179-191.

Barr J J, Higgins-D'Alessandro A, 2007. Adolescent empathy and prosocial behavior in the multidimensional context of school culture[J]. The Journal of Genetic Psychology, 168 (3):231-250.

Baumeister R F, 1990. Suicide as escape from self[J]. Psychological Review, 97(1), 90-113.

Baumeister R F, Stillwell A M, Heatherton T F, 1995. Personal narratives about guilt: role in action control and interpersonal relationships[J]. Basic and Applied Social Psychology, 17(1-2): 173-198.

Baumeister R F, Stillwell A M, Heatherton T F, 1994. Guilt: an interpersonal approach [J]. Psychological Bulletin, 115(2): 243-267.

Bedford O, 1994. Guilt and shame in American and Chinese culture[D]. Unpublished Doctoral Dissertation. Boulder, Colorado: University of Colorado.

Beer J S, Keltner D, 1994. What is unique about self-conscious emotions? [J]. Psychological Inquiry, 15(2): 126-128.

Bekker E M, Kenemans J L, Verbaten M N, 2005. Source analysis of the N2 in a cued Go/NoGo task[J]. Cognitive Brain Research, 22(2): 221-231.

Ben-Ze'ev A, 2000. 'I only have eyes for you': the partiality of positive emotions[J]. Journal for the Theory of Social Behaviour, 30(3): 341-351.

Berndsen M, van der Pligt J, Doosje B, et al., 2004. Guilt and regret: the determining role of interpersonal and intrapersonal harm[J]. Cognition and Emotion, 18(1): 55-70.

Bertenthal B I, Fischer K W, 1978. Development of self-recognition in the infant[J]. Developmental Psychology, 14(1): 44-50.

Berti E A, Garattoni C, Venturini B, 2000. The understanding of sadness, guilt, and shame in 5-, 7-, and 9-year-old children[J]. Genetic Social and General Psychology Monographs, 126(3): 293-318.

Borod J, Koff E, Lorch M P, et al., 1985. Channels of emotional communication in patients with unilateral brain damage[J]. Archives of Neurology, 42(4): 345-348.

Bowlby J, 1969. Attachment and loss: Vol. 1 Attachment[M]. New York: Basic Books.

Bowlby J, 1973. Attachment and loss: Vol. 2 Separation anxiety and anger[M]. New York: Basic Books.

Branscombe N R, Miron A M, 2004. Interpreting the ingroup's negative actions toward another group: emotional reactions to appraised harm[M]// Tiedens L Z, Leach C W. Studies in emotion and social interaction: the social life of emotions . New York: Cambridge University Press: 314-335.

Breugelmans M S, 2006. Emotion without a word: shame and guilt among Rarámuri

Indians and Rural javanese[J]. Personality Processes and Individual Differences, 91 (6):1111-1122.

Bridges K B, 1932. Emotional development in early infancy[J]. Child Development, 3(4): 324-341

Brown J R, Dunn J, 1996. Continuities in emotion understanding from three to six years [J]. Child Development, 67(3):789-802.

Buss A H, 2001. Psychological dimensions of the self[M]. Thousand Oaks, CA: Sage.

Buss A, 1980. Self-consciousness and social anxiety[M]. San Francisco: Freeman.

Campos J J, 1995. Foreward[M]//Tangney J P, Fischer K W. Self-conscious emotions: the psychology of shame, guilt, embarrassment, and pride. New York: Guilford: ix-xi.

Camras L A, Ribordy S, Hill J, 1990. Matemal facial behavior and the recognition and production of emotional expression by maltreated and nonmaltreated children [J]. Developmental Psychology, 26(2):304-312.

Carlo G, Mestre M V, Samper S, et al. , 2010. Feelings or cognitions? moral cognitions and emotions as longitudinal predictors of prosocial and aggressive behaviors. Personality and Individual Differences, 48(8):872-877.

Carlsmith J M, Gross A, 1969. Some effects of guilt on compliance [J]. Journal of Personality and Social Psychology, 11(3): 232-239.

Carver C S, Scheier M F, 1998. On the self-regulation of behavior [M]. New York: Cambridge University Press.

Cassidy J, Parke R D, 1992. Family-peer connections: the roles of emotional expressiveness within the family and children's understanding of emotions[J]. Child Development, 63 (3):603-618.

Chapman M, Zahn-Waxler C, Cooperman G, et al. , 1987. Empathy and responsibility in the motivation of children's helping[J]. Developmental Psychology, 23(1):140-145.

Cole P M, 1986. Children's spontaneous control of facial expression [J]. Child Development, 57(6):1309-1321.

Covert M V, Tangney J P, Maddux J E, et al. , 2003. Shame-proneness, guilt-proneness, and interpersonal problem solving: a social cognitive analysis[J]. Journal of Social and

Clinical Psychology, 22(1): 1-12.

Covington M, Omelich C L,1981. As failures mount: affective and cognitive consequences of ability demotion in the classroom[J]. Journal of Educational Psychology,73(6): 796-808.

Damasio A R, Everitt B J, Bishop D, et al. , 1996. The somatic marker hypothesis and the possible functions of the prefrontal cortex[J]. Philos Trans R Soc Lond B Biol Sci,351 (1346):1413-1420.

Darwin C,1872. The expression of the emotions in man and animals [M]. 3rd ed. New York: Oxford University Press

Davidson R J,2001. The neural circuitry of emotion and affective style: prefrontal cortex and amygdala contributions[J]. Social Science Information, 40(1):11-37.

de Rivera J, 1984. The structure of emotional relationships[M]// Shaver P. Review of personality and social psychology: Vol. 5 Emotions, relationships, and health. Beverly Hills, CA:Sage :116-145.

de Waal F B M,1989. Chimpanzee politics: power and sex among apes[M]. Baltimore: Johns Hopkins University Press.

Dearing R L, Sstewig J, Tangney J P,2005. On the importance of distinguishing shame from guilt: relations to problematic alcohol and drug use[J]. Addictive Behaviors, 30 (7): 1392-1404.

Delplanque S, Silvert L, Hot P, et al. ,2005. Event-related P3a and P3b in response to unpredictable emotional stimuli[J]. Biological Psychology, 68(2): 107-120.

Denham S A, 1986. Social cognition, prosocial behavior, and emotion in preschoolers: contextual validation[J]. Child Development, 57(1): 194-201.

Denham S A, 1994. Socialization of preschoolers' emotion understanding [J]. Developmental Psychology, 30(4):928-936.

Denise D, 2006. The role of basic, self-conscious and self-conscious evaluative emotions in children's memory and understanding of emotion[J]. Motiv Emotion, 30(3):237-247.

Derber C, 1979. The pursuit of attention: power and individualism in everyday life[M]. New York: Oxford University Press.

Devine P G, Monteith M, Jacks J Z, et al. , 1991. Prejudice with and without compunction

[J]. Journal of Personality and Social Psychology, 60(6):817-830.

DeVos G,1974. The relation of guilt toward parents to achievement and arranged marriage among Japanese[M]//Lebra T S, Lebra W P. Japanese culture and behavior: selected readings. Honolulu: The University Press of Hawaii:117-141.

Dolcos F, Cabeza R, 2002, Event-related potentials of emotional memory: encoding pleasant, unpleasant, and neutral pictures[J]. Cognitive, Affective, & Behavioral Neuroscience, 2(3):252-263.

Donkers F C, van Boxtel G J, 2004. The N2 in go/no-go tasks reflects conflict monitoring not response inhibition[J]. Brain and Cognition, 56(2):165-176.

Doosje B, Branscombe R N, Spears R, et al. , 1998. Guilty by association: when one's group has a negative history[J]. Journal of Personality and Social Psychology,75(4): 872-886.

Eid M, Diener E,2001. Norms for experiencing emotions in different cultures: inter-and international differences[J]. Journal of Personality and Social Psychology, 81(5): 869-885.

Eisenberg N, 2000. Emotion, regulation, and moral development[J]. Annual Review of Psychology,51(1):665-697.

Eisenberg N,spinrad L T, 2004. Emotion-related regulation: sharpening the definition[J]. Child Development,75(2):334-339.

Ekman P, 1992. An argument for basic emotions[J]. Cognition and Emotion,6(3-4):169-200.

Ekman P, Levenson R W, Friesen W V, 1983. Autonomic nervous system activity distinguishes among emotions[J], Science,221(4616): 1208-1210.

Ekman P, Rosenberg E L, 1997. What the face reveals: basic and applied studies of spontaneous expression using the facial action coding system (FACS)[M]. New York: Oxford University Press.

Ekman P,2003. Emotions revealed[M]. New York: Times Books.

Elkind D,1977. The development of religious understanding in children and adolescents. Research on religious development: a comprehensive handbook[M], New York: Hawthorn Press.

Erin A H, Keltner Dacher, Lisa M, 2003. Making sense of self-conscious emotion: linking theory of mind and emotion in children with autism[J]. American Psychological Association, 3(4): 394-400.

Ersoy N C, Born M P H, Derous E, et al., 2011. Effects of work-related norm violations and general beliefs about the world on feelings of shame and guilt: a comparison between Turkey and the Netherlands[J]. Asian Journal of Social Psychology, 14(1): 50-62.

Fabes R A, Eisenberg N, 1991. Young children's appraisals of others' spontaneous emotional reactions[J]. Developmental Psychology, 27(5): 858-866.

Fabes R A, Eisenberg N, 1991. Young children's appraisals of others' spontaneous emotional reactions[J]. Developmental Psychology, 27(5): 858-866

Ferguson T J, Olthof T. Stegge H, 1997. Temporal dynamics of guilt: changes in the role of interpersonal and intrapsychic factors[J]. European Journal of Social Psychology, 27(6): 659-673.

Ferguson T J, Stegge H, Damhuis I, 1991. Children's understanding of guilt and shame [J]. Child Development, 62(4): 827-839.

Ferguson T J, Stegge H, Miller E R, et al., 1999. Guilt, shame, and symptoms in children[J]. Developmental Psychology, 35(2): 347-357.

Ferguson T J, Stegge H, Eyre H L, et al., 2000. Context effects and the (mal) adaptive nature of guilt and shame in children[J]. Genetic, Social & General Psychology Monographs, 126(3): 319-346.

Fiore A, Wensen C H, 1977. Analysis of love relationships in functional and dysfunctional marriages[J]. Psychological Reports, 40(3): 707-714.

Fischer K W, Wang L, Kennedy B, et al., 1998. Culture and biology in emotional development[J]. New Directions for Child Development(81): 21-43.

Fontaine J R, Luyten P, De Boeck P, et al., 2006. Untying the gordian knot of guilt and shame: the structure of guilt and shame reactions based on situation and person variation in Belgium, Hungary, and Peru[J]. Journal of Cross-Cultural Psychology, 37(3): 273-292.

Fox R J, Sorenson C A, 1994. Bilateral lesions of the amygdala attenuate analgesia induced by diverse environmental challenges[J]. Brain Research, 648(2):215-221.

Frijda N H, Kuipers P, ter Schure E, 1989. Relations among emotion, appraisal, and emotion action readiness[J]. Journal of Personality and Social Psychology, 57(2): 212-228.

Frijda N H, Batja M, 1994. The social roles and functions of emotions[M]// Kitayama S, Markus H R. Emotion and culture: empirical studies of mutual influence. Washington, DC: American Psychological Association: 51-87.

Gilbert P, 1998. What is shame? Some core issues and controversies[M]//Gilbert P. Shame: interpersonal behavior. psychopathology, and culture. Oxford, England: Oxford University Press: 3-38.

Gilligan J, 1976. Beyond morality: Psychoanalytic reflections on shame, guilt and love [M]//Lickona T. Moral development and behavior: theory, research and social issues. New York: Holt, Rinehart & Winston :144-158.

Graham s, Doubleday C, Guarino A P, 1984. The development of relations between perceived controllability and the emotions of pity, anger, and guilt[J]. Child Development, 55(2):561-565.

Graham S, 1998. Children's developing understanding of the motivational role of affect: an attributional analysis[J]. Cognitive Development, 3(1):71-88.

Graham S, Weiner B, 1986. From an attributional theory of emotion to developmental psychology: A round-trip ticket? [J] . Social Cognition, 4(2):152-179.

Gray J R, Braver T S, Raichle M E, 2002. Integration of emotion and cognition in lateral prefrontal cortex[J]. Proceedings of the National Academy of Sciences, 99(6): 4115-4120.

Hansen C H, Hansen R D, 1988. Finding the face in the crowd: an anger superiority effect [J]. Journal of Personality and Social Psychology, 54(6):917-924.

Harder D W, 1992. Assessment of shame and guilt and their relationships to psychopathology[J]. Journal of Personality Assessment, 59(3):584-604.

Harris M B, Benson S M, Hall C, 1975. The effects of confession on altruism[J]. Journal of Social Psychology, 96(2): 187-192.

Harris P L, 1989. Children and emotion: The development of psychological understanding

[M]. Cambridge, MA: Basil Blackwell.

Harris P L, 2008. Children's understanding of emotion[M]//Lewis M. Handbook of emotion. New York:Guilford Press.

Hart D, Karmel M P, 1996. Self-awareness and self-knowledge in humans, apes, and monkeys[M]//Russon A E, Bard K A. Reaching into thought: the minds of the great apes. Cambridge, England: Cambridge University Press:325-347.

Harter K S, 2003. The socialization of shame in children with learning disabilities: parenting behaviors that influence children's shame [J]. Dissertation Abstracts International: Section B: the Sciences and Engineering,63(8-B):3916.

Harter S, 1987. Children's understanding of the simultaneity of two emotions: a five-stage developmental acquisition sequence[J]. Developmental Psychology,23(3):388-399.

Harvey R D, Oswald D L, 2000. Collective guilt and shame as motivation for white support for black programs [J]. Journal of Applied Social Psychology, 30 (9): 1790-1811.

Haviland J M, Mary L,1987. The induced affect response: 10-week-old infants' responses to three emotion expressions[J]. Developmental Psychology,23(1):97-104.

Hayes C,1951. The ape in our house[M]. Oxford:Harper.

Heckhausen H, 1984. Emergent achievement behavior: some early developments[M]// Nicholls J. Advances in motivation and achievement: Vol. 3 The development of achievement motivation. Greenwich, CT: JAI:1-32.

Heider F, 1958. The psychology of interpersonal relations[M]. New York: Wiley.

Heinze-Fry J A, Joseph D, Novak, 1990. Concept mapping brings long-term movement toward meaningful learning[J]. Science Education,74(4):461-472.

Higgins E T, 1987. Self-discrepancy: a theory relating self and affect[J]. Psychological Review, 94(3):319-340.

Hoffman M L, 1975. Sex differences in moral internalization and values[J]. Journal of Personality and Social Psychology, 32(4):720-729.

Hoffman M L, 1984. Interaction of affect and cognition in empathy[M]//Izard C E, Kagan J, Robert B, et al. Emotions, cognition, and behavior. Cambridge: Cambridge University Press.

Hoffman M L, 1998. Varieties of empathy-based guilt[M] // Bybee J. Guilt and children. San Diego: Academic Press.

Hoffman M L,1981. Is altruism part of human nature? [J]. Journal of Personality and social Psychology,40(1):121-137.

Hoffman M L, 2000. Empathy and moral development [M]. Cambridge: Cambridge University Press.

Hofstede G, 1980. Culture's consequences[M]. Beverly Hills, CA:Sage.

Horney K, 1937. The neurotic personality of our time[M]. New York:Norton.

Hu X Q,Wu H Y, Fu G Y,2011. Temporal course of executive control when lying about self-and other-referential information: an ERP study [J]. Brain Research, 1369: 149-157.

Huang Y X, Luo Y J, 2006. Temporal course of emotional negativity bias: an ERP study [J]. Neuroscience Letters,398(1): 91-96.

Hwang K K, 2001. Morality: east and west[M]//Smelser N J. International encyclopedia of the social and behavior science. Amsterdam: Pergamon.

Ilona E, de Hooge, Marcel Zeelenberg, et al. , 2007. Moral sentiments and cooperation: differnetial influences of shame and guilt [J]. Cognition and Emotion, 21 (5): 1025-1042.

Isen A M,1999. Positive affect[M]//Dalgleish T, Power M J. Handbook of cognition and emotion. Chichester:Wiley.

Iyer A, Leach C W, Crosby F,2003. White guilt and racial compensation: the benefits and limits of self-focus[J]. Personality & Social Psychology Bulletin,29(1):117-129.

Izard C E, 1971. The face of emotion[M]. East Norwalk, CT: Appleton-Century-Crofts.

Izard C E, Fantauzzo, Christina A, et al. , 1995. The ontogeny and significance of infants' facial expressions in the first nine months of life[J]. Developmental Psychology, 31 (6):997-1013.

Izard C E, Fine S,2001. Emotion knowledge as a predictor of social behavior and academic competence in children at risk[J]. Psychological Science,12(1):18-23.

Izard C E,1977. Human emotions[M]. New York: Plenum Press.

Izard C E, 1980. The young infant's ability to produce discrete emotion expressions[J].

Developmental Psychology,16(2):132-140.

Izard C E,2002. Translating emotion theory and research into preventive interventions[J]. Psychological Bulletin,128(5):796-824.

Izard C E, Ackerman B P,Schultz D, 1999. Independent emotions and consciousness: self-consciousness and dependent emotions[M]// Singer J A, SingerP. At play in the fields of consciousness: essays in honor of Jerome L. Singer. New York:Psychology Press:83-102.

Jagacinski C M, Nicholls J G, 1984. Conceptions of ability and related affects in task involvement and ego involvement[J]. Journal of Educational Psychology, 76(5): 909-919.

Jennifer S B, Erin A H, Keltner D, et al. ,2003. The regulatory function of self-conscious emotion: insights from patients with orbitofrontal damage[J]. Journal of Personality and Social Psychology,85(4):59-604.

Joan L, Andy B, Jill S, et al. , 2009. Shame and guilt in preschool depression: evidence for elevations in self-conscious emotions in depression as early as age 3[J]. Journal of Child Psychology and Psychiatry, 50(9):1156-1166.

Johnson-Laird P N, Oatley K, 1989. The language of emotions: an analysis of a semantic field[J]. Cognition and Emotion, 3(2): 81-123.

Johnston V S, Wang X T, 1991. The relationship between menstrual phase and the P3 component of ERPs[J]. Psychophysiology,28(4):400-409.

Kagan J,1981. The second year: the emergence of self-awareness[M]. Boston: Harvard University Press.

Keltner D, 1995. Signs of appeasement: eviednce for the distinct displays of embarrassment, amusement, and shame[J]. Journal of Personality and Social Psychology,68(3): 441-454.

Keltner D, Buswell B N, 1997. Embarrassment: its distinct form and appeasement functions[J]. Psychological Bulletin,122(3): 250-270.

Ketelaar T, Au T W, 2003. The effects of feelings of guilt on the behavior of uncooperative individuals in repeated social bargaining games: an affect-as-information interpretation of the role of emotion in social interaction[J]. Cognition and Emotion,

17(3):429-453.

Kitayama S, Markus H R, Matsumoto H,1995. Culture, self, and emotion: a cultural perspective on "self-conscious" emotions[M]// Tangney. Self-conscious emotions: the psychology of shame, guilt, embarrassment, and pride. New York: Guildford: 439-464.

Kochanska G, Barry R A, Jimenez N B, et al., 2009. Guilt and effortful control: two mechanisms that prevent disruptive developmental trajectories [J]. Journal of Personality and Social Psychology,97(2):322-333.

Kochanska G, Gross J N, Lin M, et al., 2002. Guilt in young children: development, determinants, and relations with a broader system of standards [J]. Child Development,73(2):461-482.

Kochanska G, Gross J N, Lin M-H, et al., 2002. Guilt in young children: development, determinants, and relations with a broader system of standards [J]. Child Development, 73(2):461-482.

Kochanska V, Chernoff M, Deveney S,2001. Toward forgiveness: the role of shame, guilt, anger, and empathy[J]. Counselling and Values,46(1):26-39.

Kohlberg L, 1984. The psychology of moral development[M]. San Francisco: Jossey Bass.

Konecni V J, 1972. Some effects of guilt on compliance: a field replication[J]. Journal of Personality and Social Psychology, 23(1): 30-32.

Konstam V, Chernoff, M, Deveney S, 2001. Toward forgiveness: the role of shame, guilt anger, and empathy[J]. Counseling and Values,46(1):26-39.

Krevans J, Gibbs J C,1996. Parents' use of inductive discipline: relations to children's empathy and prosocial behavior[J]. Child Development, 67(6):3263-3277.

Lang, Peter J,1985. The cognitive psychophysiology of emotion: fear and anxiety[M]// Tuma A H, Maser J D. Anxiety and the anxiety disorders . Hillsdale, NJ: Lawrence Erlbaum Associates, Inc:131-170.

Lazarus R S, 1991. Emotion and adaptation[M]. New York: Oxford University Press.

LeDoux J E, 1993. Emotional memory systems in the brain [J]. Behavioral Brain Research,58(1-2):69-79.

Leith K P, Baumeister R F, 1998. Empathy, shame, guilt, and narratives of interpersonal conflicts: guilt-prone people are better at perspective taking [J]. Journal of Personality, 66(1): 1-37.

Lewis H B, 1971. Shame and guilt in neurosis[M]. New York: International Universities.

Lewis H B, 1988. The role of shame guilt in symptom formation emotions and psychopathology. New York: Plenum Press: 95-107.

Lewis M, 2007 . Self-conscious emotional development[M]//Lewis M, Haviland-Jones J M. The self-conscious emotions: theory and research. New York: Guilford Press: 134-149.

Lewis M, Alessandri S M, Sullivan M W, 1992. Differences in shame and pride as a function of children's gender and task difficulty [J]. Child Development, 63 (3): 630-638.

Lewis M, Ramsay D, 2002. Cortisol response to embarrassment and shame[J]. Child Development, 73(4): 1034-1045.

Lewis M, Sullivan M W, Stanger C, et al. , 1989. Self-development and self-conscious emotions[J]. Child Development, 60(1): 146-156.

Lewis M, 1995. Embarrassment: the emotion of self-exposure and evaluation [M]// Thangney. Self-conscious emotions: the psychology of shame, guilt, embarrassment, and pride. New York: Guilford: 198-218.

Lewis M, 2000. Handbook of emotions[M]. 2nd ed. New York: The Guilford Press.

Lewis M, 2008. The emergence of human emotions[M]//Lewis M, Haviland-Jones J M, Barrett L F. Handbook of emotions. 3rd ed. New York: Guilford Press: 265-281.

Lewis, M, 2000. Self-conscious emotions: embarrassment, pride, shame, and guilt[M]// Lewis M. Handbook of emotions. 2nd ed. New York: Guilfrod: 623-636.

Li H, Yuan J J, Lin C D, 2008. The neural mechanism underlying the female advantage in identifying negative emotions: an event-related potential study[J]. NeuroImage, 40 (4): 1921-1929.

Lindsay H J, 1984. Contrasting experiences of shame and guilt[J]. American Behaioral Scientist, 27(6): 689-704.

Locke K D, Horowitz L M, 1990. Satisfaction in interpersonal interactions as a function of similarity in level of dysphoria[J]. Journal of Personality and Social Psychology, 58 (5): 823-831.

Lourenco O, 1997. Toward a piagetian explanation of the development of prosocial behavior in children: the force of nega-tional thinking[J]. British Journal of Developmental Psychology(11): 91-106.

Maitner A T, Diane M, Mackie, et al. , 2006. Evidence for the regulatory function of intergroup emotion: emotional consequences of implemented or impeded intergroup action tendencies[J]. Journal of Experimental Social Psychology, 42(6): 720-728.

Mandel D, 2003. Counterfactuals, emotions, and context[J]. Cognition and Emotion, 17 (1):139-159.

Markus H R, Kitayama S, 1991. Culture and the self: implications for cognition, emotion, and motivation[J]. Psychological Review,98(2): 224-253.

Mascolo M F, Fischer K W, 1995. Self-conscious emotions: the psychology of shame, guilt, embarrassment, and pride[M]. New York: Guilford Press: 64-113.

McGraw K M, 1987. Guilt following transgression: an attribution of responsibility approach[J]. Journal of Personality and Social Psychology,53(2): 247-256.

McMahon S, Wernsman J, 2006. Understanding prosocial behavior: the impact of empathy and gender among african american adolescents[J]. Journal of Adolescent Health,39(1):135-137.

Menon U, Shweder R A, 1994. Kali's tongue: cultural psychology and the power of shame [M]//Kitayama S, Markus H R. Emotion and culture: empirical studies of mutual influence. Washington, DC: American Psychological Association:241-282.

Michael C, Ventura C,Norman M, 1988. Positive mood and helping behavior: a test of six hypotheses[J]. Journal of Personality and Social Psychology, 55(2):211-229.

Miyakoshi M, Ohira H,2007. An ERP study on self-relevant object recogniton[J]. Brain and cognition,63(2):182-189.

Monteith M J, 1993. Self-regulation of stereotypical responses:implications for progress in prejudice reduction[J]. Journal of Personality and Social Psychology,65(3): 469-485.

Monteith M J, Ashburn-Nardo L, Voils C I, et al. , 2002. Putting the brakes on prejudice: on the development and operation of cues for control[J]. Journal of

Personality and Social Psychology,83(5): 1029-1050.

Mosher D L, 1965. Interaction of fear and guilt in inhibiting unacceptable behavior[J]. Journal of Consulting Psychology, 29(2): 161-167.

Mosquera P M, Manstead A S R, Fischer A H,2000. The role of honor-related values in the elicitation, experience, and communication of pride, shame, and anger: Spain and the Netherlands compared[J]. Personality & Social Psychology Bulletin, 26(7): 833-844.

Mostow A J, Izard C E, Carroll E, et al., 2002. Modeling emotional, cognitive, and behavioral predictors of peer acceptance[J]. Child Development,73(6):1175-1787.

Murphy S T, Monahan J L, Zajonc R B,1995. Additivity of nonconscious affect: combined effects of priming and exposures[J]. Journal of Personality and Social Psychology,69 (4): 598-602.

Murphy S T, Zajonc R B, 1993. Affect, cognition, and awareness: affective priming with optimal and suboptimal stimulus exposures[J]. Journal of Personality and Social Psychology,64(5): 723-739.

Nagy E, Potts G F, Loveland K A,2003. Sex-related ERP differences in deviance detection [J]. International Journal of Psychophysiology,48(3): 285-292.

Nelissen, Rob M A, Zeelenberg, et al., 2009. When guilt evokes self-punishment: evidence for the existence of a dobby effect[J]. Emotion, 9(1):118-122.

Nelson C A, 1979. Recognition of facial expressions by 7-month-old infants[J]. Child Development,50(4): 58-61.

Nesse R M, 1990. Evolutionary explanations of emotions[J]. Human Nature, 1(3): 261-289.

Nunner-Winkler G, 1988. Children's understanding of moral emotions [J]. Child Development,59(5):1323-1338.

Oades R D, Dittmann-Balcar A, Schepker R, 1996. Auditory event-related potentials(E) RPs and mismatch negativity (MMN) in healthy children and those with attention-deficit or tourette/tic symptoms[J]. Biological Psychology,43(2): 163-185.

Olwen B, Kwang-Kuo H, 2003. Guilt and shame in chinese culture: a cross-cultural framework from the perspective of morality and identity[J]. Journal for the Theory of

Social Behaviour,33(2):127-144.

Palomba D, Angrilli A, Mini A,1997. Visual evoked potentials, heart rate responses and memory to emotional pictorial stimuli[J]. International Journal of Psychophysiology, 27(1): 55-67.

Panksepp J,1998. Affective neuroscience: The foundations of human and animal emotions [M]. New York: Oxford University Press.

Paulhus D C, 1998. Interpersonal and intrapsychic adaptiveness of trac self-enhancement: a mixed blessing? [J]. Journal of Personality and Social Psychology,74(5): 1197-1208.

Peeters G, Czapinski J,1990. Positive-negative asymmetry in evaluations: the distinction between affective and informational negativity effects[J]. European Review of Social Psychology, 1(1): 33-60.

Peterson C, 1991. The meaning and measurement of explanatory style[J]. Psychological Inquiry, 2(1): 1-10.

Pons F, Harris P L, de Rosnay M,2004. Emotion comprehension between 3 and 11 years: developmental periods and hierarchical organizations [J]. European Journal of Developmental Psychology,1(2): 127-152.

Pons F,Harris P,2000. Test of emotion comprehension-TEC. Oxford: Oxford University.

Postmes T, Branscombe R N, 2010. Rediscovering social identity [M]. London: Psychology Press.

Pratto F, John O P,1991. Automatic vigilance:the attention-grabbing power of negative social information[J]. Journal of Personality and Social Psychology,61(3):380-391.

Raine A, 2008. From genes to brain to antisocial behvior[J]. Current Directions in Psychological Science,17(5):323-328.

Raine A, 2008. From genes to brain to antisocial behvior[J]. Current Directions in Psychological Science,17(5):323-328.

Rank O, 1929. The trauma of birth[M]. New York: Harcourt, Brace.

Retzinger S M, 1987. Resentment and laughter: Video studies of the shame-rage spiral [M]//Lewis H B. The role of shame in symptom formation. Hillsdale, NJ: Lawrence Erlbaum Associates, Inc:151-181.

Rice F P, 1990. Intimate relationships, marriages, and families[M]. Mountain View, CA:

Mayfield.

Richard W R, Roberta A S,2009. The self-conscious emotions: how are they experienced, expressed, and assessed? [J]. Social and Personality Psychology Compass, 3(6): 887-898.

Rogan M T, Joseph E, LeDoux, 1996. Emotion: systems, cells, synaptic plasticity[J]. Cell, 85(4): 469-475.

Roseman I J, 2001. A model of appraisal in the emotion system: integrating theory, research, and applications[M]// Scherer K R, Schorr A. Appraisal processes in emotion: theory, methods, research. New York: Oxford University Press:68-91.

Roseman I J, 2004. Appraisals, rather than unpleasantness or muscle movements, are the primary determinants of specific emotions[J]. Emotion, 4(2):145-150.

Roseman I J, Wiest C, Schwartz T S, 1994. Phenomenology, behaviors, and goals differentiate discrete emotions[J]. Journal of Personality and Social Psychology, 67 (2): 206-221.

Rosenhan D L, Salovey P, Hargis K, 1981. The joys of helping: focus of attention mediates the impact of positive affect on helping[J]. Journal of Personality and Social Psychology,40(5):899-905.

Rothbart M K, Ahadi S A,Evans D E, 2000. Temperament and personality: origins and outcomes[J]. Journal of Personality and Social Psychology,78(1):122-135.

Rothbart M K, Posner M I, Kieras J,2006. Temperament, attention, and the development of self-regulation[M]//McCartney K, Phillips. Blackwell handbook of early childhood development. Oxford: Blackwell Publishing Ltd.

Rupert B, Roberto G, Zagefka, et al. , 2008, Nuestra culpa: collective guilt and shame as predictors of reparation for historical wrongdoing[J]. Journal of Personality and Social Psychology, 94(1):75-90.

Rusbult C E, Johnson D J, Morrow G D, 1986. Impact of couple patterns of problem solving on distress and nondistress in dating relationships[J]. Journal of Personality and Social Psycholog,50(4):744-753.

Russell D, McAuley E, 1986. Causal attributions, causal dimensions, and affective reactions to success and failure[J]. Journal of Personality and Social Psychology, 50

(6)：1174-1185.

Russell J A, Mehrabian A, 1977. Evidence for a three-factor theory of emotions[J]. Journal of Research in Personality,11(3)：273-294.

Russon A E, Galdikas B M F, 1993. Imitation in free-ranging rehabilitant orangutans (Pongo pygmaeus)[J]. Journal of Comparative Psychology,107(2)：147-161.

Salovey P, Myaer J D, Rosenhnan D L, 1991. Mood and helping: mood as a motivator of helping and helping as a regulator of mood[M]//Clark. Prosocial behavior: review of personality and social psychology: Vol. 12. Newbury Park, CA: Sage:215-237.

Scheff T J, Retzinger S M, Ryan M T, 1989. Crime, volence, and self-esteem: review and proposals[M]//Mecca. The social importance of self-esteem. Berkeley: University of Califomia Press:165-199.

Scheier M F, Carver C S, 1977. Self-focused attention and the experience of emotion: attraction, repulsion, elation, and depression[J]. Journal of Personality and Social Psychology,35(9):625-636.

Scherer K R, 2001. Appraisal considered as a process of multilevel sequential checking [M]// Scherer K R, Schorr A, Johnstone T. Appraisal processes in emotion: theory, methods, research. New York: Oxford University Press: 92-120.

Scherer K R, Wallbott H G, 1994. Evidence for universality and cultural variation of differential emotion response patterning [J]. Journal of Personality and Social Psychology,66(2)：310-328.

Schmader T, Lickel B, 2006. The approach and avoidance function of guilt and shame emotions: comparing reactions to self-caused and other-caused wrongdoing [J]. Motivation and Emotion, 30(1)：42-55.

Schore A N, 1994. Affect regulation and the origin of the self: the neurobiology of emotional development[M]. Hillsdale, NJ: Erlbaum.

Schore A N, 1998. Early shame experiences and infant brain development[M]// Shame G. Interpersonal behavior, psychopathology, and culture. Oxford: Oxford University Press: 57-77.

Schupp H T, Cuthber B N, Bradley M M, et al. , 2000. Affective picture processing: the late positive potential is modulated by motivational relevance[J]. Psychopsysiology,37

(2): 257-261.

Sehupp H T, Junghffer M, Weike A I, et al., 2003. Emotional facilitation of sensory processing in the visual cortex[J]. Psychological Science, 14(1):7-13.

Shaver P, Schwartz J, Kirson D, et al., 1987. Emotion knowledge: further exploration of a prototype approach[J]. Journal of Personality and Social Psychology, 52(6): 1061-1086.

Shipman K, Zeman J, 2001. Socialization of children's emotion regulation in mother-child dyads: a developmental psychopathology perspective[J]. Developmental Psychology and Psychopathology, 13(2): 317-336.

Silfver M, 2007. Coping with guilt and shame: a narrative approach[J]. Journal of Moral Education, 36(2): 169-183.

Smith C A, Ellsworth P C, 1985. Patterns of cognitive appraisal in emotion[J]. Journal of Personality and Social Psychology, 48(4):813-838.

Smith H S, Webster J M, Parrott W G, et al., 2002. The role of public exposure in moral and nonmoral shame and guilt[J]. Journal of Personality and Social Psychology, 83(1): 138-159.

Sroufe A, 1996. Emotional development: the organization of emotional life in the early years[M]. New York: Cambridge University Press.

Steele H, Steel M, Croft C, et al., 1999. Infant-mother attachment at one year predicts children's understanding of mixed emotions at six years[J]. Social Development, 8(2): 161-178.

Stenberg G, Wiking S, Dahl M, 1998. Judging words at face value: interference in word processing reveals automatic processing of affective facial expressions[J]. Cognition and Emotion, 12(6):755-782.

Stipek D J, Decotis K M, 1988. Children's understanding of the implications of causal attributions for emotional experiences[J]. Child Development, 59(6): 1601-1610.

Stipek D J, 1983. A developmental analysis of pride and shame[J]. Human Development, 26(1):42-54.

Stipek D, 1995. The development of pride and shame in toddlers[M]// Tangney. Self-conscious emotions: the psychology of shame, guilt, embarrassment, and pride. New

York: Guilford:237-254.

Suatb E, 1970. A child in distress: the influence of age and number of witnesses on children's attempts to help[J]. Journal of personality and Social Psychology, 14(2): 130-140.

Tacikowski P, Nowicka A, 2010. Allocation of attention to self-name and self-face: an ERP study[M]. Netherlands: Elsevier science.

Tamara J F, Hedy S, Ilse D, 1991. Children's understanding of guilt and shame[J]. Child Development, 62(4): 827-839.

Tangney J P, Dearing R L, 2002. Shame and guilt[M]. New York: Guilford.

Tangney J P, Stuewig J, Debra J M, 2007. Moral emotion and moral behavior[J]. Annual Review of Psychology, 58: 345-372.

Tangney J P, Wagner P E, Fletche C, et al., 1992. Shamed into anger? The relation shame and guilt to anger and self-reported aggression[J], Journal of Personality and Social Psychology, 62(4): 669-675.

Tangney J P, Wagner P E, Gramson R, 1992. Proneness to shame, proneness to guilt, and psychopathology[J]. Journal of Abnormal Psycholgy, 101(3): 469-478.

Tangney J P, 1991. Moral affect: the good, the bad, and the ugly[J]. Journal of Personality of Social Psychology, 61(4): 598-607.

Tangney J P, 1995. Shame and guilt in interpersonal relationships[M]//Tangney. Self-conscious emotions: the psychology of shame, guilt, embarrassment and pride. New York: Guilford Press: 114-139.

Tangney J P, Wagner P E, Barlow D H, et al., 1996. Relation of shame and guilt to constructive versus destructive responses to anger across the lifespan[J]. Journal of Personality and Social Psyehology, 70(4): 797-809.

Taylor G, 1996. Guilt and remorse[M]//Harré. The emotions: social, cultural and biological dimensions. London: Sage.

Taylor S E, 1991. Asymmetrical effects of positive and negative events: the mobilization-minimization hypothesis[J]. Psychological Bulletin, 110(1): 67-85.

Temi B, 2010. Self-conscious emotions in response to perceived failure: a structural equation Model[J]. The Journal of Experimental Education, 78(3): 318-342.

Thompson R A, 1991. Emotion regulation and emotional development[J]. Educational Psychological Review,3(4): 269-307.

Tong Y H, Song S G, 2008. A comparative study on emotion understanding in children with learning disabilities[J]. Psychological Science China,31(2):375-379.

Tracy J L, Robins R W, 2003. Does pride have a recognizable expression? [M]//Ekman. Emotions inside out: 130 years after Darwin's the expresion of emotions in man and animals: Vol. 1000. New York: New York Academy of Sciences:313-315.

Tracy J L, Robins R W, Lagattuta, K H, 2005. Can children recognize pride? [J]. Emotion, 5(3): 251-257.

Tracy J L, Robins R W, 2006. Appraisal antecedents of shame and guilt: support for a theoretical model[J]. Personality and Social Psychology Bulletin,32(10): 1339-1351.

Tracy, J L, Robins, R W, 2004. Putting the self into self-conscious emotions: a thoeretical model[J]. Psychological Inquiry, 15(2):103-125.

Tracy, J L, Robins, R W, 2009. Development of a FACS-verified set of basic and self-conscious emotion expressions and self-conscious emotion expression[J]. American Psychological Association, 9(4): 554-559.

Triandis H C, 1995. Individualism and collectivism[M]. Boulder, CO: Westview Press.

Triandis H C, 1988. Collectivism and individualism: a reconceptualization of a basic concept in cross-cultural psychology [M]//Verma. Personality, attitudes and cognitions. London: Macmillan:60-95.

Triandis H C, 1993. Collectivism and individualism as cultural syndromes[J]. Cross-cultural Research,27(3-4):155-180.

Trivers R L, 1971. The evolution of reciprocal altruism[J]. Quarterly Review of Biology, 46(1): 35-57.

Trivers R L, 1985. Social evolution[M]. Redwood City, CA: Benjamin-Cummings.

van der Lubbe, Rob H J, Jaap C, et al. ,1997. Modulation of early ERP components with peripheral precues: a trend analysis[J]. Biological Psychology, 45(1-3): 143-158.

Vangelisti A L, Sprague R J, 1998. Guilt and hurt: similarities, distinctions, and conversational strategies[M]//Anderson. Handbook of communication and emotion. San Diego: Academic Press:134-136.

Vanveen V, Carter C S, 2002. The timing of action monitoring processes in anterior cingulate cortex[J]. Cognitive Neuroscience, 14(4): 593-602.

Virginia E S, Elizabeth A A, Bruce L M, et al., 2008. Diminished self-conscious emotional responding in frontotemporal lobar degeneration patients[J]. Emotion, 8(6): 861-869.

Volbrecht M, Lemery-Chalfant K, Aksan N, et al., 2007. Examining the familial link between positive affect and empathy development in the second year[J]. Journal of Genetic Psychology, 168(2): 105-129.

Walinga P, Corveleyn J, van Saane J, 2005. Guilt and religion: the influence of orthodox protestant and orthodox catholic conceptions of guilt on guilt-experience[J]. Archive for the Psychology of Religions, 27(1): 113-135.

Walter J L, Burnaford S M, 2006. Developmental changes in adolescents' guilt and shame: the role of family climate and gender[J]. North American Journal of Psychology(8): 321-338.

Weddell R A, Trevarthan C, Miller J D, 1988. Reactions of patients with focal cerebral lesions to success or failure[J]. Neuropsychologia, 26(3):373-385.

Weiner B, 1986. Attribution, emotion, and action[M]//Sorrentino R M, Higgins E T. Handbook of motivation and cognition: foundations of social behavior. New York: Guilford Press: 281-312.

Weiner B, Graham S, Chandler C, 1982. Pity, anger, and guilt: an attributional analysis [J]. Personality and Social Psychology Bulletin, 8(2): 226-232.

Weiner B, 1985. An attributional theory of achievement motivation and emotion[J]. Psychological Review, 92(4):548-573.

Wellman H M, Woolley J D, 1990. From simple desires to ordinary beliefs: the early development of everyday psychology[J]. Cognition, 35(3): 245-275.

West R, 2000. Effects of task context and fluctuations of attention on neural activity supporting performance of the stroop task[J]. Brain Research, 873(1):102-111.

White M, 1996. Automatic affective appraisal of words[J]. Cognition and Emotion, 10 (2):199-211.

Wicker F W, Payne G C, Morgan R D, 1983. Participant descriptions of guilt and shame [J]. Motivation and Emotion, 7(1): 25-39.

Wiersma N, Laupa M, 2000. Young children's conceptions of the emotional consequences of varied social events[J]. Merrill-Palmer Quarterly,46(2): 325-341.

Wintre M, 1990. Self-predictions of emotional response patterns: age, sex, and situational determinants[J]. Child Development, 61(4): 1124-1133.

Woon P S, Root J C,2003. Dynamic variations in affective priming[J]. Consciousness and Cognition,12(2): 147-168.

Wright M J, Geffen G M, Geffen L B, 1995. Event related potentials during covert orientation of visual attention: Effects of cue validity and directionality[J]. Biological Psychology,41(2): 183-202.

Yerkes R M, Yerkes A W, 1929. The great apes: A study of anthropoid life[M]. New Haven,CT:Yale University Press.

Yuan J J, He Y Y, Zhang Q L, et al. ,2008. Gender differences in behavioral inhibitory control: ERP evidence from a two-choice oddball task[J]. Psychophysiology, 45(12): 986-993.

Yuan J J, Li H, Chen A T, et al. , 2007. Neural correlates underlying humans' differential sensitivity to emotionally negative stimuli of varying valences: an ERP study[J]. Progress in Natural Science,17(13):115-121.

Yuan J J, Zhang Q L, Chen A T, et al. , 2007. Are we sensitive to valence differences in emotionally negative stimuli? electrophysiological evidence from an ERP study[J]. Neuropsychologia,45(12):2764-2771.

Yuill N, 1984. Young children's coordination of motive and outcome in judgments of satisfaction and morality[J]. British Journal of Developmental Psychology, 2(1): 73-81.

Yuill N, Perner J, Pearson A, et al. , 1996. Children's changing understanding of wicked desires: from objective to subjective and moral[J]. British Journal of Developmental Psychology,14(4): 457-475.

Zahn-Waxler C,2000. The development of empathy, guilt and internalization of distress: implications for gender differences in internalizing and externalizing problems[M]// Davidson. Anxiety, depression, and emotion: wisconsin symposium on emotion: Vol. 1. New York: Oxford University Press:222-265.

Zajonc RB,2000. Feeling and thinking: closing the debate over the independence of affect [M]//Forgas. Feeling and thinking: the role of affect in social cognition. Cambridge: Cambridge University Press: 31-58.

Zalecki C A, 2006. Adolescent girls with attention-deficit/hyperactivity disorder: emotion correlates and associated impairments. Dissertation abstracts international: section B: the sciences and engineering,66(10-B):5700.

Zammuner V L, 1996. Felt emotions, and verbally communicated emotions: the case of pride[J]. European Journal of Social Psychology,26(2): 233-245.

Zeelenberg M, van Dijk W W, van der Pligt J, et al. ,1998. Emotional reactions to the outcomes of decisions: the role of counter factual thought in the experience of regret and disappointment[J]. Organizational Behavior and Human Decision Processes, 75 (2): 117-141.

Zeelenberg M, Breugelmans S M, 2008. The role of interpersonal harm in distinguishing regret from guilt[J]. Emotion, 8(5): 589-596.

Zheng X F, 2003. The priming effect of 3 emotion models by photo[J]. Acta Psychologica Sinica,35(3): 352-327.

附录

附录 1　实验 1 故事情景

故事情景 1:课间活动的时候,明明看到小兰在拍皮球,明明也很想拍皮球,于是他走过去把小兰推倒在地,然后把她的皮球抢过来。

故事情景 2:上活动课的时候,亮亮想玩积木,于是他去问小琴积木放在哪里,小琴知道积木放在什么地方,但是小琴自己也很想玩积木,于是她告诉亮亮说:“我不知道积木在哪里。”

故事情景 3:课间休息的时候,艳艳很想喝水,于是她去问小凯还有没有水,小凯知道教室里只有一杯水了,而他自己也很想喝,所以他告诉艳艳说:“已经没有水了。”

故事情景 4:美术课上,梅梅和小军都想用红色的水彩笔,但是桌子上只有一支红色的水彩笔,梅梅和小军都跑过去想拿那支水彩笔,梅梅把小军推倒在地上,然后自己就拿到了红色的水彩笔。

附录 2　实验 2 预实验材料及故事情景

一、预实验访谈及调查问卷

儿童情绪理解的发展研究调查问卷

尊敬的老师及家长:

你们好!

非常感谢您参与我们的研究,共同完成 2009 年浙江省哲学社会科学规划课题“儿童情绪理解的发展研究”。请您认真、客观地填写本问卷,我们严格遵守学术规范,对相关资料会严加保密,不会给您带来任何麻烦。您的参与是我们课题顺利开展的保障,对您的真诚合作表示衷心的感谢! 如对本调查有任何想法和建议,热忱欢迎您与我们联系。

××师范大学

1.学生年级：____年级。

2.在您平时与孩子的相处中，孩子会在哪些情景中表现出内疚的情绪？请详细说明这些情景。

3.您觉得孩子内疚是出于什么原因？

4.您是如何觉察孩子的内疚情绪的？

再次感谢您的积极参与！

二、故事情景

故事情景1：学校开展以班级为单位的知识竞赛，班里的同学都在努力准备，但是豆豆却在一边玩，因为她没有好好准备，在比赛中表现很差，所以他们班得了倒数第一。

故事情景2：丁丁很怕他的班主任王老师，中午吃饭的时候，丁丁在教室里跑着玩，撞到了同学苗苗，苗苗的热汤倒在了手上，结果苗苗的手被烫伤了。

故事情景3：运动会上，林林参加了4×100米接力赛，他与班里的其他3位同学代表班级参赛，林林跑第二棒。在比赛时，林林东张西望地找人，所以在接棒的时候没接住，因为这个原因，他们班得了最后一名。

故事情景4：运动会上，毛毛参加了跑步比赛，在比赛中，东东与毛毛跑得一样快，毛毛为了得第一名，就伸手推了一下东东，东东摔倒了，但最后毛毛没有得到第一名。

附录3　实验3故事情景

故事情景1：体育课上，老师要求同学们原地拍球，明明看到小兰的皮球是黄色的，他很喜欢黄色的皮球，于是他走过去想要小兰的皮球，但是小兰不给他，于是他把小兰推倒，把皮球抢了过来。

故事情景2：体育活动课上，梅梅和晓军正在操场上跑步，梅梅想让自己跑得比晓军快，于是她就事先在晓军的跑道上放了一块石头，晓军跑到放石头的地方，绊了一下，摔倒在了地上，这时候老师也看见了，就批评梅梅说："梅梅，你这样做很不对。"

故事情景3：艳艳和小凯都是坐校车回家的。有一天放学回家的时候，小凯和艳艳都在排队上车，小凯是排在艳艳后面的，但小凯很想早点上车可以坐到位子，于是在上车时把艳艳挤倒在地，艳艳摔倒后，膝盖磕破了，还流了血，就哭了起来。

附录 4　实验 4 故事情景

1. 无外在评价

盈盈和小涛放学后都是坐校车回家的。有一天放学后，他们两个都在排队上车，小涛是排在盈盈后面的，但小涛想快点上车，于是在上车的时候就拼命地挤盈盈，把盈盈挤倒了。

2. 同伴评价

盈盈和小涛放学后都是坐校车回家的。有一天放学后，他们两个都在排队上车，小涛是排在盈盈后面的，但小涛想快点上车，于是在上车的时候就拼命地挤盈盈，把盈盈挤倒了。

站在旁边的洋洋看到后，就对小涛说："小涛，你把盈盈挤倒可不好。"

3. 老师评价

盈盈和小涛放学后都是坐校车回家的。有一天放学后，他们两个都在排队上车，小涛是排在盈盈后面的，但小涛想快点上车，于是在上车的时候，就拼命地挤盈盈，把盈盈挤倒了。

老师看到了，就对小涛说："小涛，你把盈盈挤倒可不好。"

附录 5　实验 5 故事情景

一、初级情绪故事

情景 1：学校开展以班级为单位的知识竞赛，班里的同学都在努力准备，豆豆也很努力，但是敏敏却在一边玩，因为敏敏没有好好准备，在比赛中表现很差，所以他们班得了倒数第一。

情景 2：丁丁很怕他的班主任王老师，一看到王老师就害怕，现在丁丁看到王老师正向自己走过来。

情景 3:运动会上,林林参加了 4×100 米接力赛,他与班里的其他 3 位同学代表班级参赛,但是他们班得了最后一名。

情景 4:运动会上,毛毛在跑步比赛中获得了第一名,得到了他很喜欢的奖品。

二、模糊故事

情景 1:学校开展以班级为单位的知识竞赛,班里的同学都在努力准备,豆豆也很努力,但是在比赛的时候,他们班还是因为敏敏没有好好准备,表现很差而得了倒数第一名,豆豆知道后狠狠地责备了敏敏,责怪她没有好好准备,拖了班级的后腿,但后来豆豆发现原来敏敏没好好准备是因为她生病了。

情景 2:丁丁很怕他的班主任王老师,中午吃饭的时候,丁丁在教室里跑着玩,撞到了同学苗苗,苗苗的热汤倒在了手上,结果苗苗的手被烫伤了,王老师正好看到了这一切。

情景 3:运动会上,林林参加了 4×100 米接力赛,他与班里的其他 3 位同学代表班级参赛,但是林林不小心摔倒了,因为林林摔倒导致他们班得了最后一名。

情景 4:运动会上,毛毛参加了跑步比赛,在比赛中,东东与毛毛跑得一样快,毛毛为了获得第一名,就伸手推了一下东东,东东摔倒了,毛毛跑到了他前面,得了第一名,也得到了自己喜欢的奖品。

三、内疚情绪故事

情景 1:学校开展以班级为单位的知识竞赛,班里的同学都在努力准备,但是豆豆却在一边玩,因为她没有好好准备,在比赛中表现很差,所以他们班得了倒数第一。

情景 2:丁丁很怕他的班主任王老师,中午吃饭的时候,丁丁在教室里跑着玩,撞到了同学苗苗,苗苗的热汤倒在了手上,结果苗苗的手被烫伤了。

情景 3:运动会上,林林参加了 4×100 米接力赛,他与班里的其他 3 位同学代表班级参赛,林林跑第二棒。在比赛时,林林东张西望地找人,所以在接棒的时候没接住,因为这个原因,他们班得了最后一名。

情景 4:运动会上,毛毛参加了跑步比赛,在比赛中,东东与毛毛跑得一样快,毛毛为了得第一名,就伸手推了一下东东,东东摔倒了,但最后毛毛没有得到第一名。

附录6　实验6研究材料

语文阅读训练题(一)

姓名＿＿＿＿＿＿＿　班级＿＿＿＿＿＿＿

露珠

露珠的身形很小，生命也很短暂，但它却是不平凡的。当夜幕笼罩的时候，它像慈母用乳汁哺育婴儿一样地滋润着禾苗；每当黎明到来的时候，它又最早睁开它那不知疲倦的眼睛；它白天隐自于空气中，夜晚无声地在黑暗中工作。它不像暴雨挟风雷鸣电闪以炫耀它们的威力，更不像冰雹那样对一切残酷无情，它默默地工作，又默默地逝去。它把短暂的一生献给禾苗，面对禾苗却从来无所求。它多么像辛勤的园丁，培养着祖国的花朵；多么像我们敬爱的老师，灯下伏案夜以继日地工作，把毕生的心血滴滴洒在我们的心田上！

1.文中的“它”是指＿＿＿＿＿＿，“园丁”是指＿＿＿＿＿＿。

2.联系上下文解释。

(1)炫耀：＿＿＿＿＿＿＿＿＿＿＿＿＿＿＿＿＿＿＿＿

(2)夜以继日：＿＿＿＿＿＿＿＿＿＿＿＿＿＿＿＿＿＿

3.写出与下列词语的意思相近或相反的词。

近义词：黎明(　　　)　平凡(　　　)　培育(　　)

反义词：黑暗(　　　)　平凡(　　　)　短暂(　　)

4.在原文中用“＿＿＿”线画出一个比喻句。

5.找出中心句，在句子下面用“﹏﹏”线画出来。

6.用(　　)画出表现“露珠精神”的句子。

7.这段话主要表达作者什么样的思想感情？

＿＿＿＿＿＿＿＿＿＿＿＿＿＿＿＿＿＿＿＿＿＿＿＿＿＿＿＿

8.举两三个例子说明你认为什么人或什么职业的人具有“露珠精神”？

＿＿＿＿＿＿＿＿＿＿＿＿＿＿＿＿＿＿＿＿＿＿＿＿＿＿＿＿

太阳花

我喜欢太阳花，它是夏天里常见的一种最普通的花。

太阳花的茎有红色的，有绿色的。那茎很嫩，似乎用手一掐就会冒出水来。

太阳花的叶子很特别，小而厚，叶表面像涂了一层薄薄的蜡，光洁、碧绿。

太阳花的花朵颜色格外鲜艳，有的洁白如玉，有的鲜红似火，有的金黄若金，而那粉红的就像抹了一层淡淡的胭脂，花朵并不大，多层花瓣的自然娇艳，单层花瓣的更是那么俏丽，真讨人喜欢。

我喜欢太阳花，不只在于它的颜色鲜艳，更因为它有顽强的生命力，它不怕日晒、风吹、雨淋，那样子总是蓬蓬勃勃的。只掐下一枝小小的茎，插在泥土里，不久就会生根开花。

1. 从文中找出与“洁白如玉”的“如”意思相同的三个词写下来。

(　　) (　　) (　　)

2. 短文先写太阳花的(　　)，再写太阳花的(　　)，最后写太阳花的(　　)。

3. 短文的开头和结尾的关系是________________________

4. 作者为什么喜欢太阳花？

____

5. 简单地写你喜欢的一种花的两三个特点。

____

阅读测试题(二)

姓名__________　预测成绩__________

在云南境内有一颗耀眼的“绿色宝石”，它就是我国最大的热带植物宝库——西双版纳。

西双版纳的热带雨林古木参天，藤萝蔽日，进入林中就像到了奇花异树的海洋。这里的望天树高达七八十米，(　　)抬起头(　　)能看到它的树冠，是名副其实的“森林巨人”；这里的古椿树粗壮高大，就是几个人拉起手来也围不拢。这里有重量惊人的黑黄檀，有钢铁一样硬的铁力木，有能够分泌毒液的箭毒木，也有能够供应淀粉的西米树。

西双版纳的植物不但姿态万千，而且具有很高的经济价值。油棕被称为“世界油王”，可西双版纳的油瓜的含油量比油棕还要高出许多。这里的扁担藤简直就是一座座“天然饮料厂”。当你口干舌燥的时候，只要用刀砍断一根扁担藤，清甜可口的汁水就会像喷泉一样流出来。这里的黑心树是难得的“木材仓库”。这种树不怕砍，不怕伐，(　　)留下一段树桩，很快(　　)会萌生出许许多多的嫩芽，两三年的功夫，这些嫩芽就能长成10来米高、比碗口还粗的大树。这种树的寿命特别长，一般的可以活200到400年。一家人种上几棵黑心树，烧柴的问题就解决了。

种类繁多、郁郁葱葱的植物，不仅美化了这里的山川，也给这片绿野中的珍稀动物提供了栖息、繁衍的场所。千百年来，生活在西双版纳的人们十分爱惜这块“绿色宝石”，使它永远放射出耀眼的光芒。

1.联系上下文，将下列关联词分别填入第二、三自然段的圆括号内。

A.只要……就……　　B.只有……才……

2.从文中找出一句承上启下的过渡句，抄在下面。

____

3.读第四自然段，然后回答问题。

(1)西双版纳的植物中含油量最大的是____________。

(2)作者把“扁担藤”比作________，这是因为________________。

(3)黑心树的特点，一是____________________，二是__________，所以人们称它为________________。

4.第三自然段用了哪些说明方法？试举例说明。

(1)

(2)

(3)

5.给短文加一个合适的题目：《__________________》

亲社会行为问卷

1. 请写出 20 个与对他人有利的行为有关的词汇，如分享、关心等。

2.请列举 20 个与情绪无关的句子，要求与例句的字数相同。例句：大门开了，微风吹来了。

3.请列举 10 个对他人有利的行为的情景。

附录 7　实验 7 研究材料

一、内疚情绪句子

1. 弄坏同学心爱的文具，我会内疚。
2. 冤枉同学偷我的东西，我会歉疚。
3. 做错事惹妈妈生气，我会抱歉。
4. 欺骗了最好的朋友，我会愧疚。
5. 偷了别人的东西，我会惭愧。
6. 撕破同学喜爱的书，我会自责。
7. 烫伤了同学的胳膊，我会有歉意。
8. 冤枉同学考试作弊，我会后悔。
9. 成绩不好拖累全班，我会愧对。
10. 因作弊得了好成绩，我会不安。

二、生存性初级负性情绪句子

1. 被凶猛的老虎追赶，我会紧张。
2. 看到很大的蟑螂，我会厌恶。
3. 被别人狠狠殴打，我会愤怒。
4. 吃了变质的食物，我会恶心。
5. 爱吃的蛋糕坏了，我会伤心。
6. 得了很重的疾病，我会难过。
7. 遇到强烈的地震，我会害怕。
8. 遭遇特大泥石流，我会焦虑。
9. 被一条蛇咬伤了，我会担忧。
10. 被人烫伤一大块，我会生气。

三、社会性初级负性情绪句子

1. 重要的考试考砸，我会伤心。
2. 被人冤枉偷东西，我会生气。
3. 最亲的亲人去世，我会难过。
4. 刚买的手机被偷，我会愤怒。
5. 得知家人生病了，我会担忧。
6. 看到了灾难现场，我会害怕。
7. 看到有人吃老鼠，我会恶心。
8. 看到有人随地吐痰，我会厌恶。
9. 面临重要的考试，我会焦虑。
10. 等待考试结果，我会紧张。

四、无情绪词汇句子

1. 弄坏同学心爱的文具，我会走开。
2. 冤枉同学偷我的东西，我会离开。
3. 做错事惹妈妈生气，我会逃开。
4. 欺骗了最好的朋友，我会逃跑。
5. 偷了别人的东西，我会藏好。
6. 撕破同学喜爱的书，我会逃离。
7. 烫伤了同学的胳膊，我会逃走。
8. 冤枉同学考试作弊，我会跑开。
9. 成绩不好拖累全班，我会躲开。
10. 因作弊得了好成绩，我会炫耀。
11. 被凶猛的老虎追赶，我会呆住。

12.看到很大的蟑螂,我会踩死。
13.被别人狠狠殴打,我会忍着。
14.吃了变质的食物,我会扔掉。
15.爱吃的蛋糕坏了,我会再买。
16.得了很重的疾病,我会求医。
17.遇到强烈的地震,我会快跑。
18.遭遇特大泥石流,我会快逃。
19.被一条蛇咬伤了,我会求救。
20.被人烫伤一大块,我会喊人。
21.重要的考试考砸,我会叹气。
22.被人冤枉偷东西,我会打人。
23.最亲的亲人去世,我会振作。
24.刚买的手机被偷,我会报警。
25.得知家人生病了,我会问候。
26.看到了灾难现场,我会远离。
27.看到有人吃老鼠,我会阻止。
28.看到有人随地吐痰,我会制止。
29.面临重要的考试,我会努力。
30.等待考试结果,我会求助。

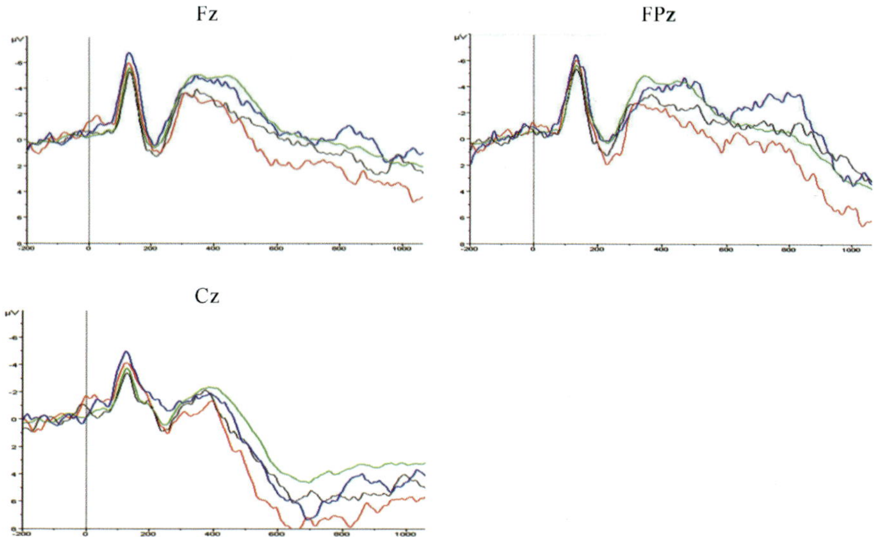

图 9-3 标准刺激(绿线)、内疚情绪词汇偏差刺激(黑线)、生存性初级负性情绪词汇偏差刺激(红线)、社会性初级负性情绪词汇偏差刺激(蓝线)诱发的 ERP 总平均图(电极点:Fz,FPz,Cz)

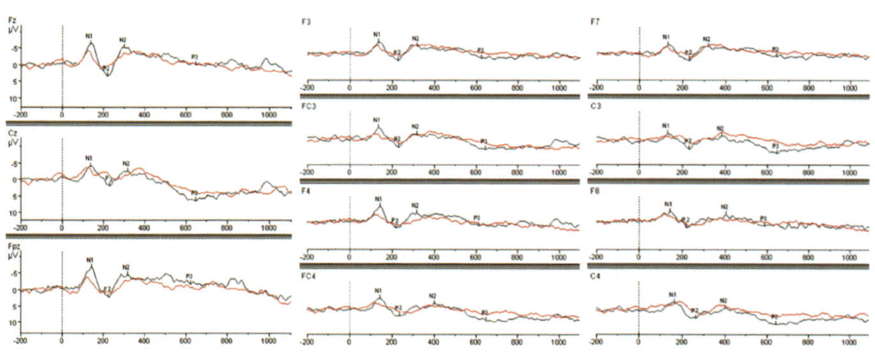

图 9-4 内疚情绪词汇条件下男女生的 ERP 平均波形

(黑线为女生波形,红线为男生波形)

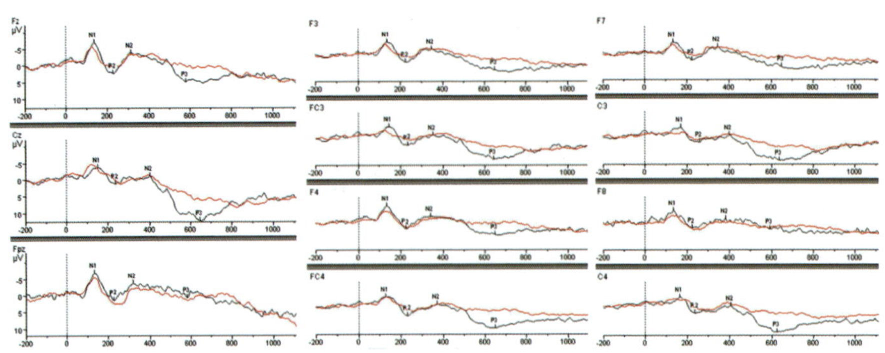

图 9-5　生存性初级负性情绪词汇条件下男女生的 ERP 波形

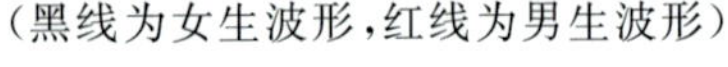

（黑线为女生波形，红线为男生波形）

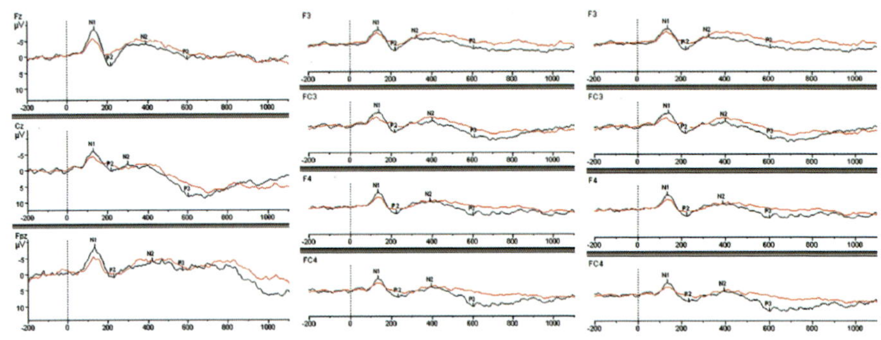

图 9-6　社会性初级负性情绪词汇条件下男女生的 ERP 波形

（黑线为女生波形，红线为男生波形）

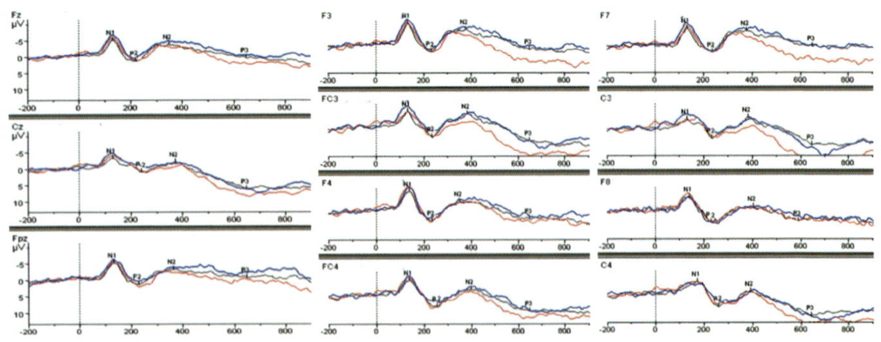

图 9-7　不同情绪词汇条件下被试的 ERP 波形

（其中黑线为内疚情绪词汇，红线为生存性初级负性情绪词汇，蓝线为社会性初级负性情绪词汇）